高校建筑学与城市规划专业教材

画法几何与阴影透视

上 册 （第三版）

哈尔滨工业大学　　谢培青 主编
　　　　　　　　　周玉良 修订
　　　　　　　　　杨　谆 课件主编

中国建筑工业出版社

图书在版编目（CIP）数据

画法几何与阴影透视. 上册/谢培青主编. —3 版.
北京：中国建筑工业出版社，2008
A＋U 高校建筑学与城市规划专业教材
ISBN 978-7-112-09854-5

Ⅰ. 画… Ⅱ. 谢… Ⅲ. ①画法几何-高等学校-教材②建筑制图-透视投影-高等学校-教材 Ⅳ.O185.2 TU204

中国版本图书馆 CIP 数据核字（2008）第 045670 号

　　本书系高等学校建筑学、城市规划等专业教材。全书分上、下两册。上册内容包括绪论、点和直线、平面、投影变换、平面立体、曲线曲面、表面展开及轴测投影共八章。下册内容是正投影阴影、透视投影两部分。上册附有《画法几何习题集》一册，下册附有《阴影透视习题集》一册。
　　本书可作为土建类其他专业的参考书。其中阴影透视还可供建筑设计工作者参考。

* * *

责任编辑：陈　桦
责任设计：赵明霞
责任校对：孟　楠　安　东

A＋U 高校建筑学与城市规划专业教材
画法几何与阴影透视
上　册
（第三版）
哈尔滨工业大学
谢培青　主编　周玉良　修订
杨　谆　课件主编
*
中国建筑工业出版社出版、发行（北京西郊百万庄）
各地新华书店、建筑书店经销
霸州市顺浩图文科技发展有限公司制版
北京世知印务有限公司印刷
*
开本：787×1092 毫米　1/16　印张：19¾　字数：365 千字
2008 年 6 月第三版　2013 年 12 月第三十六次印刷
定价：38.00 元（含光盘、习题集）
ISBN 978-7-112-09854-5
　　　　（16558）

版权所有　翻印必究
如有印装质量问题，可寄本社退换
（邮政编码　100037）

第三版前言

本教材经过 1997 年第二版修订以来,本书一直受到各院校师生和广大读者的认可和接受,编者深感欣慰。

这次第三版的修订工作,对本书的内容和结构体系未作任何变动,重点纠正了前版的差错,对所有插图进行了重绘,以保证更清晰的效果。此外,还根据教学的需求,制作了配套的教学课件,以适应当前教学的发展。课件编写组成员有:北京建筑工程学院杨谆、徐瑞洁、张士杰、曹宝新,北京工商大学刘斌、徐昌贵,北京石油化工学院韩丽艳。课件模型库由张士杰制作。

编者期待本书经过这一次的修订,能够使本教材更好地满足广大高校教学的需求,也期待各校老师在使用的过程中,发现疏漏和不足之处,提出新的意见和建议,使本教材日臻完善,继续发挥它应有的作用。

编 者
2008 年 5 月

第二版前言

哈尔滨建筑大学谢培青教授主编的本书，经过多年的使用，基本上满足建筑类等专业的教学要求。这次修订，原体系结构及文字插图保持不变，只是对局部问题作些修正和补充，以便继续使用。

周玉良
1997 年 7 月

第一版序

本书是根据高等学校建筑学和城市规划等专业对画法几何的教学需要而编写的。在编写过程中，我们注意总结建国以来正反两个方面的经验。在内容的取舍方面，加强了基本理论，但又贯彻少而精原则，并力求与目前的教学时数相适应。本册内容可分为三个部分：

第一部分，系统地讲述点、直线和平面的投影规律以及基本的定位问题，并在此基础上讨论运用投影变换的方法去解决基本的质量问题；

第二部分，运用第一部分所学的知识讲述立体的投影及其表面交线和展开的作图问题；

第三部分，从专业的实际需要出发，介绍常用轴测投影的形成及画法，删去那些繁琐的数学推导和证明。

考虑到目前缺少必需的参考书，我们适当地扩充了一些内容，仅供自学所用。凡属这样性质的内容，都用楷体字排印。

为了教学上的需要，我们还编写了一本《画法几何习题集》。

本册由哈尔滨建筑工程学院制图教研室谢培青同志主编。参加编写工作的还有宋安平、陈黎丹两同志。在定稿时，得到高竞、施宗惠、连礼芝等同志的协助。天津大学许松照同志对本册的编写提出了许多宝贵的意见。最后经同济大学黄钟璇、马志超等同志审定。

由于我们的思想水平和学术水平有限。再加上编写时间十分仓促，缺点和错误在所难免，请批评指正。

编　　者
1978 年 9 月

目　录

第一章　绪论　　　　　　　　　　　　　　　　　　　　　　　　1
　　第一节　画法几何的任务　　　　　　　　　　　　　　　　　　　1
　　第二节　投影法的本质　　　　　　　　　　　　　　　　　　　　1
　　第三节　正投影的基本性质　　　　　　　　　　　　　　　　　　3
　　第四节　立体的三面投影图　　　　　　　　　　　　　　　　　　4

第二章　点和直线　　　　　　　　　　　　　　　　　　　　　　7
　　第一节　点的两面及三面投影　　　　　　　　　　　　　　　　　7
　　第二节　点的投影与直角坐标的关系　　　　　　　　　　　　　　9
　　第三节　直线的投影　　　　　　　　　　　　　　　　　　　　　11
　　第四节　线段的实长及其对投影面的倾角　　　　　　　　　　　　12
　　第五节　特殊位置直线　　　　　　　　　　　　　　　　　　　　15
　　第六节　直线上的点　　　　　　　　　　　　　　　　　　　　　17
　　第七节　无轴投影图　　　　　　　　　　　　　　　　　　　　　20
　　第八节　两直线的相对位置　　　　　　　　　　　　　　　　　　21
　　第九节　直角的投影　　　　　　　　　　　　　　　　　　　　　24

第三章　平面　　　　　　　　　　　　　　　　　　　　　　　　27
　　第一节　平面的表示法　　　　　　　　　　　　　　　　　　　　27
　　第二节　特殊位置平面　　　　　　　　　　　　　　　　　　　　29
　　第三节　平面内的直线和点　　　　　　　　　　　　　　　　　　31
　　第四节　平面内的特殊直线　　　　　　　　　　　　　　　　　　33
　　第五节　直线和平面平行、两平面平行　　　　　　　　　　　　　36
　　第六节　直线和平面相交、两平面相交　　　　　　　　　　　　　39
　　第七节　直线和平面垂直、两平面垂直　　　　　　　　　　　　　44
　　第八节　综合性作图问题举例　　　　　　　　　　　　　　　　　47

第四章　投影变换　　　　　　　　　　　　　　　　　　　　　　50
　　第一节　投影变换的目的和方法　　　　　　　　　　　　　　　　50
　　第二节　变换投影面法　　　　　　　　　　　　　　　　　　　　51
　　第三节　旋转法　　　　　　　　　　　　　　　　　　　　　　　57
　　第四节　以平行线为轴的旋转法　　　　　　　　　　　　　　　　62
　　第五节　度量问题和定位问题举例　　　　　　　　　　　　　　　64

第五章　平面立体　　　　　　　　　　　　　　　　　　　　　　70
　　第一节　平面立体的投影　　　　　　　　　　　　　　　　　　　70
　　第二节　平面和平面立体相交　　　　　　　　　　　　　　　　　72

  第三节 直线和平面立体相交…………………………………………… 76
  第四节 两平面立体相交…………………………………………………… 77
  第五节 同坡屋顶的投影…………………………………………………… 82
第六章 曲线、曲面……………………………………………………………… 85
  第一节 曲线的形成及投影………………………………………………… 85
  第二节 曲面的形成和表示法……………………………………………… 88
  第三节 曲面立体的投影…………………………………………………… 90
  第四节 曲面立体的切平面………………………………………………… 96
  第五节 平面和曲面立体相交……………………………………………… 97
  第六节 直线和曲面立体相交………………………………………………103
  第七节 平面立体和曲面立体相交…………………………………………105
  第八节 两曲面立体相交……………………………………………………107
  第九节 有导线导面的直纹曲面……………………………………………116
  第十节 螺旋线和螺旋面……………………………………………………122
第七章 表面展开…………………………………………………………………126
  第一节 平面立体的表面展开………………………………………………126
  第二节 曲面立体的表面展开………………………………………………128
  第三节 过渡面的展开………………………………………………………133
第八章 轴测投影…………………………………………………………………135
  第一节 斜轴测投影…………………………………………………………135
  第二节 正轴测投影…………………………………………………………142
  第三节 圆的轴测投影………………………………………………………147

第一章 绪 论

第一节 画法几何的任务

画法几何这门古老的学科，一直在工程教育方面起着重要的作用。通过系统地学习画法几何，使读者能够把三维的几何信息，明显而准确地表示在图纸上，成为二维的几何信息。人们在构思一个建筑设计，即在思维中运用所学的专业知识生成大量的相互联系的三维几何信息。这是用语言和文字无法表达清楚的，必须在图纸上把它们画出来，成为二维几何信息，使人们借助于图纸把所设计的建筑物建造出来。

图纸是平面的，而建筑物是立体的，从尺度概念说，它们似乎不等价，这就产生了矛盾。画法几何就是为了解决这个矛盾，在人们长期生产实践活动中，所积累起来的经验的科学总结。它的任务主要是：

(1) 研究在平面上表达空间形体❶的图示法；
(2) 研究在平面上解答空间几何问题的图解法。

画法几何的理论和方法为学习其他许多课程所必需。这里要特别提出的是工程制图。画法几何和工程制图的关系，可以这样比喻：工程制图是工程界的技术语言，而画法几何便是这种语言的文法。

对于建筑设计来说，为了形象地、逼真地表达所设计的对象（如住宅、工厂等），常常需要画出它们的立面渲染图或透视渲染图，并在所画的渲染图上绘制出建筑物在一定光线照射下的阴影。这种图通常叫做表现图。画法几何中的阴影和透视两部分内容，将为绘制建筑设计的表现图提供基本理论和画法。

画法几何除了用它的图示法和图解法服务于工程技术以外，也是人们认识物质世界空间形式的一种工具。它利用物体在平面上的图形来研究物体的形状、大小和位置等几何性质。从这个意义上说，本课程还有一个显著的作用，就是促进人们空间概念和空间想像力的发展。

第二节 投影法的本质

把空间形体表示在平面上，是以投影法为基础的。投影法源出于日常生活中光的投射成影这个物理现象。例如，当电灯光照射室内的一张桌子时，必有影子落在地板上；如果把桌子搬到太阳光下，那么，必有影子落在地面上。投影法分

---

❶ 点、线、面是空间的几何元素，由它们组成的形体叫做空间形体。

两大类，即中心投影和平行投影。其几何意义概述如下：

1. 中心投影

设空间有一个平面 P（图 1-1）叫做投影面。取不在平面 P 内的任一点 S，叫做投影中心。为了把空间的 A 点投射到平面 P 上，则须从 S 点引出一条直线通过 A 点，此直线叫做投影线，它和平面 P 的交点 A_1，就是空间 A 点在平面 P 上的投影。用同样方法，可以作出空间 B 点和 M 点的投影 B_1 和 M_1。

由于这种投影法，是从一固定的中心引出投影线（如同电灯放出光线那样），所以叫做中心投影法。

分析图 1-1，可以得到中心投影的两条基本特性：

（1）直线的投影，在一般情况下仍旧是直线；

（2）点在直线上，则该点的投影必位在该直线的投影上。

设空间 A、M 和 B 三点位在一条直线上，则投射 AB 的投影线形成了一个平面，此平面与投影面 P 的交线 A_1B_1，必定是一条直线❶。已知点 M 在直线 AB 上，显然通过 M 点的投影线 SM 必位在平面 SAB 内。这样，投影线 SM 与投影面的交点 M_1 就必落在平面 SAB 与投影面 P 的交线 A_1B_1 上。

2. 平行投影

如果把图 1-1 中的投影中心 S 移到离投影面 P 无限远的地方（用 S_∞ 表示），则投射直线 AB 的投影线就互相平行（图 1-2a）。这种投影法，投影线是互相平行的（如同照到地面上的太阳光那样），所以叫作平行投影法。可见，平行投影是中心投影的特殊情况。

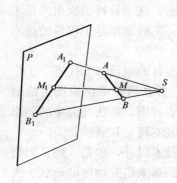

图 1-1 中心投影

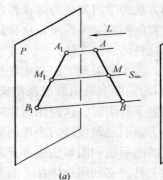

图 1-2 平行投影

用平行投影把直线 AB 投射到平面 P 上，应先给出投射方向 L。投射方向 L 垂直于投影面 P 的平行投影叫作正投影；倾斜于投影面 P 的平行投影叫做斜投影。

平行投影也具有上述中心投影的两条基本特性。分析图 1-2，我们还可以得到平行投影的另外两条特性：

（1）点分直线线段成某一比例，则该点的投影也分该线段的投影成相同的比例；

---

❶ 如果空间直线通过投影中心 S，则其投影将成为一点。

(2) 互相平行的直线，其投影仍旧互相平行。

图 1-2a 中，投影线 $AA_1 // MM_1 // BB_1$，它们去分割 AB 和 A_1B_1，所以 $AM : MB = A_1M_1 : M_1B_1$。

图 1-2b，$AB // CD$，则平面 $ABB_1A_1 //$ 平面 CDD_1C_1，它们与第三平面 P 相交，所以交线 $A_1B_1 // C_1D_1$。

第三节　正投影的基本性质

正投影属于平行投影的一种，也具有前述平行投影的特性。但是对于空间有长度的直线线段或有大小的平面图形，根据它们对投影面所处的相对位置不同，又具有下述投影特性（为叙述简单起见，以后正投影除特别指明外，一律简称投影，直线线段或平面图形简称直线或平面）：

1. 空间直线对投影面的位置分平行、垂直、倾斜等三种

图 1-3 表明直线 AB 对水平投影面 H 的三种不同位置的投影特性：

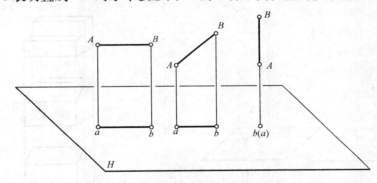

图 1-3　直线正投影的三种特性

(1) 直线平行于投影面，它的投影反映实长；
(2) 直线垂直于投影面，它的投影成为一点；
(3) 直线倾斜于投影面，它的投影不反映实长，且缩短。

2. 空间平面对投影面的位置也可分平行、垂直、倾斜等三种

图 1-4 表明平面 $ABCD$（长方形）对投影面 H 的三种不同位置的投影特性：

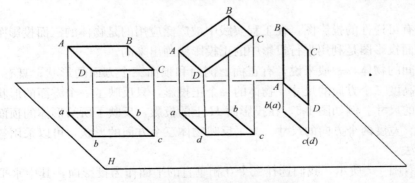

图 1-4　平面正投影的三种特性

(1) 平面平行于投影面,它的投影反映实形;

(2) 平面垂直于投影面,它的投影成为直线;

(3) 平面倾斜于投影面,它的投影不反映实形,且变小。

以上讨论说明,给定投影条件,在投影面上,总是可以作出已知形体唯一确定的投影;并且知道形体的哪些几何性质在投影图上保持不变,而哪些是改变的。但是,相反的问题,即由投影重定它的原形,答案则不是唯一的。试看图 1-5,给出空间一点 A (图 1-5a),为作出 A 点在水平投影面 H 上的正投影,我们过 A 点向 H 面引垂线,所得垂足 a,即是 A 点的正投影。相反,如果要由投影 a (图 1-5b) 重定它在空间的位置,则不可能。因为,投影线上的所有点,如 A、B、C……,都可以作为投影 a 在空间的位置。

再看图 1-6,投影面 H 上的正投影,可以是双坡房屋的投影,也可以是锯齿形房屋的投影,还可以是一个台阶的投影,或其他形体的投影。这就是说,目前所得的投影图还不具有"可逆性"。为使投影图具有"可逆性",在正投影的条件下,可以采用多面正投影的方法来解决。

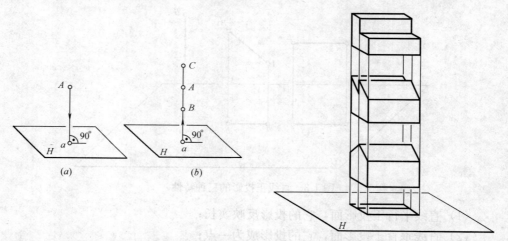

图 1-5 点的单面正投影及其可逆性问题　　图 1-6 立体的单面正投影及其可逆性问题

第四节　立体的三面投影图

具有可逆性的投影图,在工程实践中被广泛应用的是物体的三面投影图。物体的三面投影图是利用平行投影中的正投影法画出来的。

空间的物体,一般来说,有正面、侧面和顶面三个方面的形状;具有长度、宽度和高度三个方向的尺寸。物体的一个正投影,只反映了一个方面的形状和两个方向的尺寸。例如图 1-6,在投影面 H 上的投影,反映了所给形体的顶面形状和长度、宽度两个方向的尺寸。为了反映物体三个方面的形状,可以采用三面投影的方法。

试看图 1-7 所示,我们选择三个互相垂直的平面作为投影面,其中水平放着的,叫做水平投影面,用字母 H 表示;立在正面的叫做正立投影面,用字母 V

第四节　立体的三面投影图

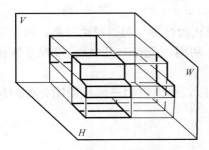

图 1-7　立体三面投影图的获得

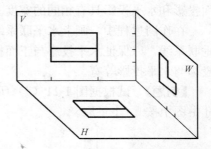

图 1-8　根据三面投影可以读出它的原形

表示；而立在侧面的叫做侧立投影面，用字母 W 表示。被投影的物体就放置在这三个投影面所组成的空间里。图中的立体是一个台阶的模型。根据前述正投影的基本性质，只有当平面平行于投影面时，它的投影才反映实形，所以我们使台阶的底面平行于 H 面，正面平行于 V 面（此时，侧面必平行于 W 面）。然后，把台阶分别向这三个投影面作正投影：

在 H 面上的正投影叫作水平投影；

在 V 面上的正投影叫作正面投影；

在 W 面上的正投影叫作侧面投影。

此时，如果把台阶拿走（图 1-8），我们也能根据留在三个投影面上的投影，读出台阶各个方面的形状和尺寸大小。因为：

水平投影反映了立体的顶面形状和长、宽两个方向的尺寸；

正面投影反映了立体的正面形状和高、长两个方向的尺寸；

侧面投影反映了立体的侧面形状和高、宽两个方向的尺寸。

现在，这三个投影是分别画在三个互相垂直的投影面上的，但实际作图只能在一个平面上（即一张图纸上）进行。为此，需要把三个投影面转化为一个平面。如图 1-9 所示，规定 V 面不动，H 面向下旋转 90°，W 面向右旋转 90°，这样一来，H 面和 W 面就同 V 面重合成一个平面了。顺便说一下，在实际作图时，只需画出立体的三个投影，而无需画出三个投影面的边框线。这样就得到了如图 1-10 所示的台阶的三面投影图。

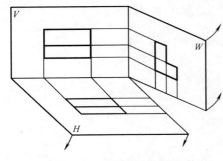

图 1-9　三面投影的重合

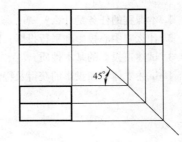

图 1-10　立体三面投影图的特性

分析图 1-10 可以看到，立体的三面投影两两之间，都存在着一定的联系：正面投影和侧面投影具有相同的高度，水平投影和正面投影具有相同的长度，侧面投影和水平投影具有相同的宽度。

在作图过程中，画上水平联系线，以保证正面投影与侧面投影等高；画上铅垂联系线，以保证水平投影与正面投影等长；利用一条45°辅助线，以保证侧面投影与水平投影等宽。

【例题】 试根据图1-11（a）所示的立体图，画出它的三面投影图。各向尺寸由图中按1∶1量取。

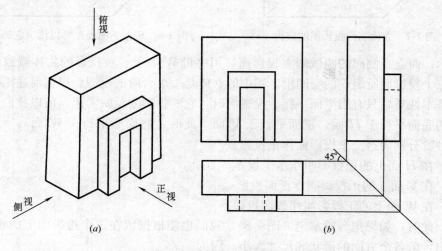

图1-11 根据立体图作出它的三面投影

分析：图中已用箭头标出对各投影面垂直的方向，可以想像为观者对物体三个方向的观察方向。根据正投影的基本性质：正视时，只看见物体的正面形状和高、长两个尺寸；俯视时，只看见物体的水平形状和长、宽两个尺寸；侧视（左向）时，只看见侧面形状和高、宽两个尺寸。规定用粗实线画出可见轮廓，用虚线画出不可见轮廓。

如图1-11（b），先作出墙体（长方体）的三面图，再作出墙体正中的门洞的三面图，用右下角的一条45°斜线控制侧面投影和水平投影保持同一宽度。

复习思考题

1. 本课程的任务是什么？
2. 什么叫中心投影和平行投影？试述它们的投影特性。
3. 试述正投影的基本性质。
4. 试述立体三面投影的获得及特性。

第二章 点和直线

第一节 点的两面及三面投影

一、点的两面投影

绪论中提到在正投影的条件下，只根据点在一个投影面上的投影，不能确定该点在空间的位置。为此，需要设置两个互相垂直的平面为投影面，如图 2-1 (a) 所示；其中一个是水平投影面 H，另一个是正立投影面 V。两投影面 H 和 V 的交线叫做投影轴，用字母 OX 表示。

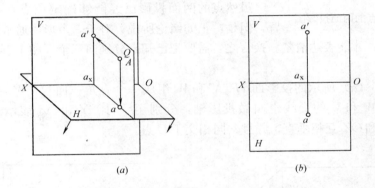

图 2-1 点的两面投影的形成及特性

为作出空间 A 点在 H 面及 V 面上的正投影，我们过 A 点向 H 面引垂线，得一垂足，即为 A 点的水平投影（或叫 H 面投影），用字母 a 表示；过 A 点向 V 面引垂线，得一垂足，即为 A 点的正面投影（或叫 V 面投影），用字母 a'（读 a 一撇）表示。

投影面 H 和 V 上的正投影 a 和 a' 综合起来是可逆的，因为根据它们可以重定空间的 A 点（如果把图 2-1 (a) 中 A 点抹去，要重定 A 点，作法是先从投影 a 作 H 面的垂线，再从投影 a' 作 V 面的垂线，这两条垂线的交点就确定了空间 A 点的位置）。

投射 A 点的两条直线 Aa 和 Aa' 确定了一个平面 Q。因为 Q 面既垂直于 H 面，又垂直于 V 面，又知 H 和 V 是互相垂直的，所以它与 H 和 V 的交线 aa_x 和 $a'a_x$ 也就互相垂直，并且 aa_x 和 $a'a_x$ 还同时垂直地相交于 OX 轴上的一点 a_x。这就证明四边形 Aa_xa' 是个矩形。由此得知：$a'a_x = Aa$；$aa_x = Aa'$。又因为线段 Aa 表示 A 点到 H 面的距离，而线段 Aa' 表示 A 点到 V 面的距离，所以最后得到：

第二章 点和直线

线段 $a'a_x = A$ 点到 H 面的距离（高度）；

线段 $aa_x = A$ 点到 V 面的距离（深度）。

上述投影 a 和 a' 还是分别地位在 H 和 V 两个平面上，而我们最终的目的是要把它们表示在一个平面上。为此，仍旧规定 V 面不动，让 H 面绕 OX 轴向下旋转 90°，而重合于 V 面。这样就得到了图 2-1（b）所示的点的两面投影图。其特性如下：

(1) 点的正面投影（a'）和水平投影（a）的连线垂直于 OX 轴（$a'a \perp OX$）；

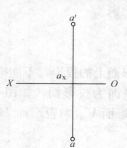

(2) 点的正面投影到 OX 轴的距离（$a'a_x$）等于空间点到 H 面的距离（Aa），而水平投影到 OX 轴的距离（aa_x）等于空间点到 V 面的距离（Aa'）。

在画投影图时，投影面的边框线一般是不画出的，也不标记点的两面投影的连线与 OX 轴的交点（a_x），其形式如图 2-2 所示。

二、点的三面投影

图 2-2 点的两面投影图

虽然点的两面投影已经能够确定该点在空间的位置，但是，正如绪论所说，对于一个形体通常要有它的三面投影，才能表达清楚。换言之，需要把已知点分别向三个互相垂直的投影面作投影。

图 2-3（a）所示的投影面 H、V 和 W 组成一个直角三面角。W 和 H 的交线，以及 W 和 V 的交线也叫做投影轴，分别用字母 OY 和 OZ 表示。投影轴 OX、OY 和 OZ 互相垂直，并且共同相交于 O 点。

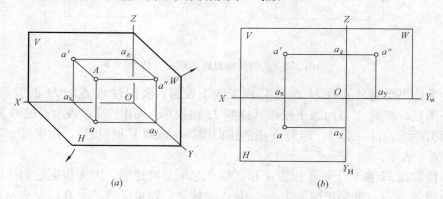

图 2-3 点的三面投影的形成及特性

为作出空间 A 点在 W 面上的正投影，从 A 点向 W 面引垂线，所得垂足就是 A 点的侧面投影（或叫 W 面投影），用字母 a''（读 a 两撇）表示。投射 A 点的三条投影线 Aa、Aa' 和 Aa'' 分别组成三个平面：aAa'、aAa'' 和 $a'Aa''$，它们与投影轴 OX、OY 和 OZ 分别相交于点 a_x、a_y 和 a_z。这些点和 A 点及其投影 a、a'、a'' 的连线组成了一个长方体。因此就有：

$$Aa = a'a_x = a''a_y = a_zO;$$

$$Aa' = a''a_z = aa_x = a_yO;$$

$$Aa''=aa_y=a'a_z=a_xO。$$

为把 A 点的三个投影 a、a'、a'' 都表示在一个平面上，仍旧规定 V 面不动，让 H 面绕 OX 轴向下旋转到与 V 面重合，让 W 面绕 OZ 轴向右旋转到与 V 面重合。此时，跟 H 面旋转的 OY 轴用符号 OY_H 表示，跟 W 面旋转的 OY 轴用符号 OY_W 表示。这样就得到图 2-3（b）所示的点的三面投影图。其特性如下：

（1）点的水平投影（a）和正面投影（a'）的连线垂直于 OX 轴；
（2）点的正面投影（a'）和侧面投影（a''）的连线垂直于 OZ 轴；
（3）点的侧面投影到 OZ 轴的距离（$a''a_z$）等于点的水平投影到 OX 轴的距离（aa_x）。

这些特性说明：在点的三面投影图中，每两个投影都具有一定的联系性。因此，只要给出一点的任何两个投影，就可以求出其第三投影。

例如图 2-4，已知一点 B 的水平投影 b 和正面投影 b'，求侧面投影 b''：
（1）过 b' 引 OZ 轴的垂线 $b'b_z$；
（2）在 $b'b_z$ 的延长线上截取 $b''b_z=bb_x$，b'' 即为所求。

又如图 2-5 所示，已知一点 C 的正面投影 c' 和侧面投影 c''，为求水平投影 c：

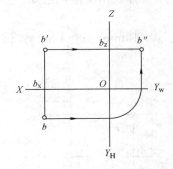

图 2-4　由点的正面投影和水平投影
作侧面投影

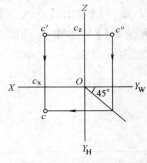

图 2-5　由点的正面投影和侧面投影
作水平投影

（1）过 c' 引 OX 的垂线 $c'c_x$；
（2）在 $c'c_x$ 的延长线上截取 $cc_x=c''c_z$，c 即为所求。

此两题的作法，也可以直接用图中箭头所指的步骤来完成。

第二节　点的投影与直角坐标的关系

若把图 2-3（a）所示的三个投影面当作坐标面，那么各投影轴就相当于坐标轴；其中 OX 轴就是横坐标轴，OY 轴就是纵坐标轴，OZ 轴就是竖坐标轴。三轴的交点 O 就是坐标原点。

这样，空间 A 点到三个投影面的距离就等于它的三个坐标：
A 点到 W 面的距离（Aa''）＝A 点的 x 坐标（Oa_x）；
A 点到 V 面的距离（Aa'）＝A 点的 y 坐标（Oa_y）；
A 点到 H 面的距离（Aa）＝A 点的 z 坐标（Oa_z）。

当三个投影面按照上述规则重合为一个平面时（图 2-3b），这些表示点的三个坐标的线段（Oa_x、Oa_y 和 Oa_z）仍留在投影图上。从图上可以清楚地看出：由 A 点的 x、y 两坐标可以决定 A 点的水平投影 a（图 2-6a）；由 A 点的 x、z 两坐标可以决定 A 点的正面投影 a'（图 2-6b）；由 A 点的 y、z 两坐标可以决定侧面投影 a''（图 2-6c）。这样，就得出结论：

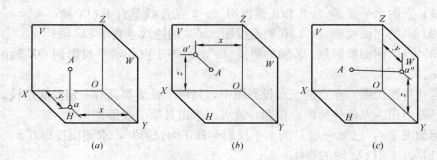

图 2-6　由点的坐标确定其投影

已知一点的三面投影，就可以量出该点的三个坐标；相反地，已知一点的三个坐标，就可以求出该点的三面投影。

【**例题 2-1**】 已知 A 点的坐标：$x=20\mathrm{mm}$、$y=10\mathrm{mm}$、$z=15\mathrm{mm}$，试作出 A 点的三面投影图。

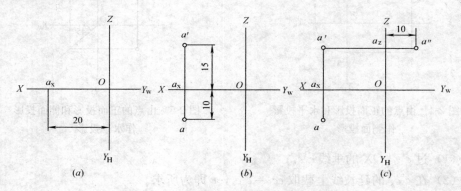

图 2-7　根据点的三个坐标值作点的三面投影图

作图法如图 2-7 所示：

(1) 在图纸上作一条水平的直线和一条铅垂的直线，两线的交点为坐标原点 O，其左为 X 坐标轴，其上为 Z 坐标轴，其右为 Y_W，其下为 Y_H，并在 OX 轴上取 a_x 点，使 $Oa_x=20\mathrm{mm}$；

(2) 过 a_x 点作 OX 轴的垂线，在这垂线上自 a_x 向下截取 $aa_x=10\mathrm{mm}$ 和向上截取 $a'a=15\mathrm{mm}$，得水平投影 a 和正面投影 a'；

(3) 由 a' 向 OZ 轴引垂线，在所引垂线上截取 $a''a_z=10\mathrm{mm}$，得侧面投影 a''。

当空间的点位在某一个投影面内时，则它的三个坐标中必有一个为零。试看图 2-8a 中的 D 点，因为它位于 H 面内，所以坐标 $Z=0$。D 点的水平投影 d 与 D 点本身重合；正面投影 d' 落在 OX 轴上；侧面投影 d'' 落在 OY 轴上。当 W 面

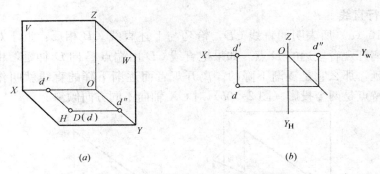

图 2-8 位在 H 面内的点的三面投影

向右旋转重合于 V 面时，d'' 应位在 OY_W 轴上，而不应位在 OY_H 轴上，因为 d'' 是由 D 点向 W 面所作的正投影（图 2-8b）。

第三节　直线的投影

根据绪论中所说直线的投影特性可知：直线的水平投影、正面投影和侧面投影，在一般情况下均为直线。又因为直线在空间的位置可以由它的任意两个点来确定，所以，在正投影图中，给出一直线可以分为两步：

(1) 给出已知直线上两个点的各个投影；
(2) 用直线分别连接这两个点的同面投影❶。

在直线的投影图上，比较直线上任意两个点对观者的相对位置，就可以看出直线本身在空间的趋势。

1. 上行直线

例如图 2-9（a）所表明的直线 AB，比较 A、B 两点的坐标线段可知：近于观者的 A 点，低于离开观者较远的 B 点。如果把直线 AB 由端点 A 向 B 伸延，也即离开观者而伸延，那么它是逐渐上升的。这种离开观者而逐渐上升的直线就叫做上行直线；它表示在投影图上（图 2-9b）的特点是，两个投影对 OX 轴向同一方向倾斜（但倾斜的角度不一定相等）。

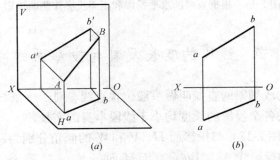

图 2-9　上行直线的投影特性

---

❶ 同面投影指的是同一个投影面上的投影。

第二章 点和直线

2. 下行直线

图 2-10（a）所表明的直线 CD，恰巧与上述直线 AB 相反：近于观者的 C 点，高于离开观者较远的 D 点。如果把直线 CD 由端点 C 向 D 伸延，也即离开观者而伸延，那么它是逐渐下降的。离开观者而逐渐下降的直线就叫作下行直线；它的特点是两个投影（图 2-10b）对 OX 轴向不同方向倾斜。

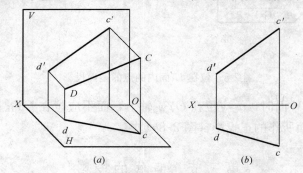

图 2-10 下行直线的投影特性

在三面投影图中，根据直线的任意两个投影，可以作出它的第三投影，作法可归结为作出直线上两个点的第三投影。图 2-11 表明根据直线 AB 的水平投影 ab 和正面投影 $a'b'$ 作侧面投影 $a''b''$ 的方法。

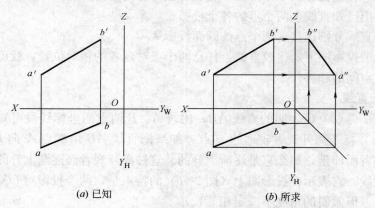

(a) 已知　　　　　　　　　(b) 所求

图 2-11 根据直线的水平投影和正面投影作侧面投影

第四节　线段的实长及其对投影面的倾角

对各投影面均成倾斜的直线叫做一般位置直线。对于一条线段，如果是一般位置的，那么它的各个投影的长度均小于线段本身的实长。

设线段 AB（图 2-12）与投影面 H、V 和 W 的倾角分别为 α、β 和 γ❶。由于通过 A、B 两点的投影线 Aa、Bb 垂直于 H 面，

---

❶　根据立体几何中直线和平面夹角的定义可知：空间直线和它在某一投影面上的正投影之间的夹角，就是此直线与投影面的倾角。

第四节　线段的实长及其对投影面的倾角

所以　　$ab = AB \cdot \cos\alpha$

同理　　$a'b' = AB \cdot \cos\beta$；

　　　　$a''b'' = AB \cdot \cos\gamma$。

因为夹角 α、β 和 γ 都不等于零，也不等于 $90°$，所以 $\cos\alpha$、$\cos\beta$ 和 $\cos\gamma$ 都小于 1。这就证明：一般位置线段的三个投影都小于线段本身的实长。

那么，怎样根据一般位置线段的投影来求出它的实长和倾角呢？让我们先在立体图上来分析这个问题的解法。

图 2-13 给出一线段 AB，我们过端点 A 作直线 $AC \mathbin{/\mkern-5mu/} ab$，$C$ 点在投影线 Bb 上。不难看出：$\triangle ABC$ 为一直角三角形，AB 是它的斜边，AC 和 BC 是它的两条直角边；而 $AC = ab$；$BC = Bb - Aa$，即 A、B 两点的高度差。这就是说如果以水平投影 ab 为一直角边，以两端点的高度差 BC 为另一直角边，画一个直角三角形，如 $\triangle abb_0$，则斜边 ab_0 等于线段 AB 的实长，ab_0 与水平投影 ab 的夹角等于 AB 对 H 面的倾角 α。

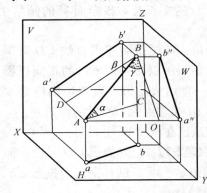
图 2-12　一般位置线段的投影特性

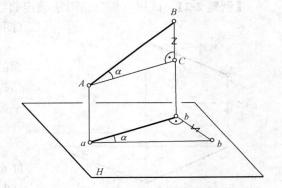
图 2-13　直角三角形法的空间分析

在两面投影图中，如图 2-14 所示，线段 AB 两端的高度差，即为它的正面投影 $a'b'$ 两端到 OX 轴的距离差 m，所以上述作法可以实现，其步骤如下：

（1）过水平投影 ab 的端点 b 作 ab 的垂线；

（2）在所作垂线上截取 bb_0 等于正面投影 $a'b'$ 两端到 OX 轴的距离差 m，得 b_0 点；

（3）用直线连接 a 和 b_0，得直角三角形 abb_0，此时，$ab_0 = AB$，$\angle bab_0 = \angle \alpha$。

在图 2-12 上过 B 点作直线 $BD \mathbin{/\mkern-5mu/} a'b'$，$D$ 点在投影线 Aa' 上，$\triangle ABD$ 为直角三角形，AB 是它的斜边，AD 和 BD 是它的两条直角边。此时，$BD = a'b'$；而 $AD = Aa' - Bb'$，即等于 A、B 两点的深度差，也即等于水平投影 ab 的两端到 OX 轴的距离差 n。因此，用 $a'b'$ 及距离差 n 为直角边作直角三角形，也能求出线段 AB 的实长。作法如图 2-15 所示。所得 $\triangle a'b'a_0'$ 的斜边 $b'a_0'$ 等于线段 AB 的实长，但 $b'a_0'$ 与正面投影 $a'b'$ 的夹角等于线段 AB 与 V 面的倾角 β。

综上所述，在投影图上求线段实长的方法是：以线段在某个投影面上的投影为一直角边，以线段的两端点到这个投影面的距离差为另一直角边，作一个直角

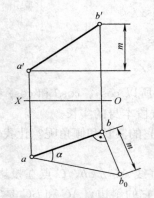

图 2-14 以水平投影为一直角边求线段的实长

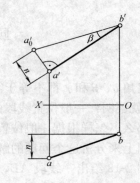

图 2-15 以正面投影为一直角边求线段的实长

三角形,此直角三角形的斜边就是所求的实长,而且此斜边和投影的夹角,就等于线段对该投影面的倾角。

【例题 2-2】 试用直角三角形法确定直线 CD 的实长及对投影面 V 的倾角 β(图 2-16)。

分析:此题指明要求直线 CD 对 V 面的倾角,所以必须以 CD 的正面投影 $c'd'$ 为一直角边。另一直角边则应是水平投影 cd 两端点到 OX 轴的距离差。

作法已在图 2-16 中表明。

【例题 2-3】 已知直线 CD 对投影面 H 的倾角 $\alpha=30°$,试补全正面投影 $c'd'$(图 2-17)。

分析:这是与前一例题性质相反的问题,给出倾角作投影。应该注意:如

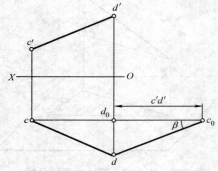

图 2-16 确定线段 CD 的实长及倾角 β

果要求直线 CD 对 H 面的倾角 α,那么必须以水平投影 cd 为一直角边,以正面投影 $c'd'$ 两端的高度差为另一直角边,作直角三角形。题中 d' 没有给出,但已知 $\alpha=30°$。所以这个直角三角形照样可以作出(因为一个直角三角形可以由它

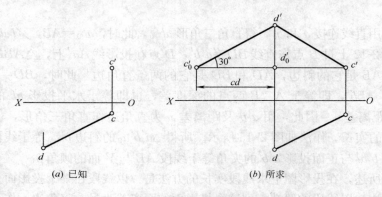

图 2-17 根据线段 CD 的倾角 α 补正面投影

的一条直角边及一个锐角所确定）。因此，就能确定 $c'd'$ 两端的高度差，从而补全 CD 的正面投影。

作法：

（1）过 c' 引 OX 轴的平行线，与过 d 向上作出的铅垂联系线相交，得 d'_0，并延长至 c'_0，使 $c'_0 d'_0 = cd$；

（2）自 c'_0 对 $c'_0 d'_0$ 作 $30°$ 角的斜线，此斜线与过 d 的铅垂联系线相交于 d'；

（3）连 c' 和 d'，得正面投影 $c'd'$（有两个答案）。

【例题 2-4】 在已知直线上截取线段 AB 等于定长 L（图 2-18）。

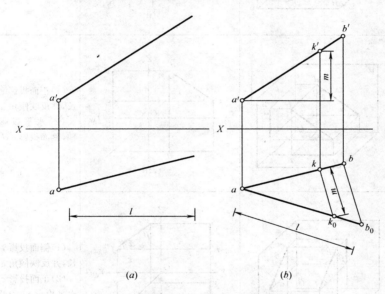

图 2-18 在直线上根据实长确定其投影

【解】 在已知直线的两面投影上，任取一点的投影 k'，得线段 AK，此时就可用直角三角形法求出它的实长。在正面投影上定出 A、K 两点高度差 m，以水平投影 ak 为一直角边，以高度差 m 为另一直角边，作直角三角形 akk_0，再以定长 L 在反映实长的斜边 ak_0 上定出 b_0 点，有了 b_0 就不难在直线的两面投影上定出 b 和 b' 而得线段 AB 的投影 ab 和 $a'b'$。

第五节 特殊位置直线

对一个投影面平行或者垂直的直线，叫作特殊位置的直线。

一、投影面的平行线

这类直线有三种典型位置，我们把：

平行于水平投影面的直线叫作水平线；

平行于正立投影面的直线叫作正平线；

平行于侧立投影面的直线叫作侧平线。

表 2-1 列出了这三种直线的三面投影。

投影面的平行线　　　　表 2-1

名　称	立 体 图	投 影 图	投 影 特 性
水平线 AB//H			(1) 水平投影 ab 反映实长，并反映倾角 β 和 γ； (2) 正面投影 a'b'//OX 轴，侧面投影 a"b"//OY$_W$ 轴
正平线 CD//V			(1) 正面投影 c'd' 反映实长，并反映倾角 α 和 γ； (2) 水平投影 cd//OX 轴，侧面投影 c"d"//OZ 轴
侧平线 EF//W			(1) 侧面投影 e"f" 反映实长，并反映倾角 α 和 β； (2) 正面投影 e'f'//OZ 轴，水平投影 ef//OY$_H$ 轴

分析表 2-1，可以归纳出投影面平行线的投影特性：

(1) 直线在它所平行的投影面上的投影反映实长（即有显实性），并且这个投影与投影轴的夹角等于空间直线对相应投影面的倾角；

(2) 其他两个投影都小于实长，并且平行于相应的投影轴。

二、投影面的垂直线

这类直线也有三种典型位置，我们把：

垂直于水平投影面的直线叫作铅垂线；

垂直于正立投影面的直线叫作正垂线；

垂直于侧立投影面的直线叫作侧垂线；

表 2-2 列出了这三种直线的三面投影。

分析表 2-2，可以归纳出投影面垂直线的投影特性：

(1) 直线在它所垂直的投影面上的投影成为一点（即有积聚性）；

(2) 其他两个投影垂直于相应的投影轴，并且反映实长（即有显实性）

投影面的垂直线　　　　　　　　表 2-2

名称	立体图	投影图	投影特性
铅垂线 $AB \perp H$			(1) 水平投影积聚成一点 $a(b)$； (2) 正面投影 $a'b' \perp OX$ 轴，侧面投影 $a''b'' \perp OY_W$ 轴，并且都反映实长
正垂线 $CD \perp V$			(1) 正面投影积聚成一点 $c'(d)'$； (2) 水平投影 $cd \perp OX$ 轴，侧面投影 $c''d'' \perp OZ$ 轴，并且都反映实长
侧垂线 $EF \perp W$			(1) 侧面投影积聚成一点 $e''(f'')$； (2) 正面投影 $e'f' \perp OZ$ 轴，水平投影 $ef \perp OY_H$ 轴，并且都反映实长

第六节　直线上的点

点和直线的相对位置分点在直线上和点不在直线上两种。根据绪论所说直线上点的投影特性可知（图 2-19）：

(1) 点在直线上，则该点的各个投影必落在该直线的同面投影上；

(2) 点分线段成某一比例，则该点的各个投影也分该线段的同面投影成相同的比例。

一般来说，判定点是否在直线上，只需观察两面投影就可以了。例如图 2-20 给出的直线 AB 和两点 C、D，点 C 在直线 AB 上，而点 D 就不在直线 AB 上，但是对于侧平线还需观察侧面投影。例如图 2-21，虽然 e 在

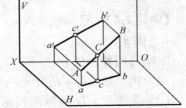

图 2-19　直线上点的投影特性

cd 上，e' 在 $c'd'$ 上，但当求出了它的侧面投影 e'' 以后，因 e'' 不在 $c''d''$ 上，所以点 E 不在直线 CD 上。

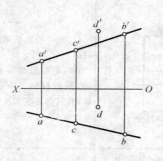

图 2-20 判别点 C、D 是否在直线 AB 上

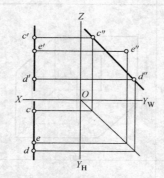

图 2-21 判别点 E 是否在侧平线 CD 上

【例题 2-5】 试把已知线段 AB 分成 $AC:CB=3:4$（图 2-22）。

作法：

(1) 过投影 a 作任意辅助线 ab_0，使 $ac_0:c_0b_0=3:4$；

(2) 连 b 和 b_0，再过 c_0 作辅助线平行于 b_0b；

(3) 在水平投影 ab 上得分点 C 的水平投影 c，再由 c 向上作铅垂联系线，在正面投影 $a'b'$ 上得分点 C 的正面投影 c'。

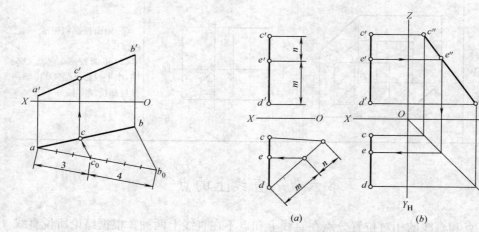

图 2-22 分割 AB 成定比

图 2-23 在侧平线 CD 上取点 E

【例题 2-6】 已知侧平线 CD 上一点 E 的正面投影 e'，要求作出 E 点的水平投影 e（图 2-23）。

本题有两种作法：

(1) 把正面投影 e' 所分 $c'd'$ 的比 $m:n$ 移到 cd 上面作出 e（如图 2-23a 所示）；

(2) 先作出 CD 的侧面投影 $c''d''$，再在 $c''d''$ 上作出 e''，最后在 cd 上找到 e（如图 2-23b 所示）。

直线的迹点：直线与投影面的交点叫做直线的迹点，其中与 H 面的交点叫做水平迹点；与 V 面的交点叫做正面迹点；与 W 面的交点叫做侧面迹点。

第六节 直线上的点

给出线段 AB 如图 2-24 所示，延长 AB 与 H 面相交，得水平迹点 M；与 V 面相交，得正面迹点 N。因为迹点是直线和投影面的公共点，所以它的投影具有两重性：

(1) 作为投影面上的点，则它在该投影面上的投影必与它本身重合，而另一个投影必落在投影轴上；

(2) 作为直线上的点，则它各个投影必落在该直线的同面投影上。

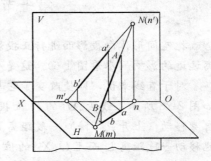

图 2-24 直线迹点的概念

由此可知，正面迹点 N 的正面投影 n' 与迹点本身重合，而且落在 AB 的正面投影 $a'b'$ 上；其水平投影 n 则是 AB 的水平投影 ab 与 OX 轴的交点。同样，水平迹点 M 的水平投影 m 与迹点本身重合，而且落在 AB 的水平投影 ab 上；其正面投影 m'，则是 AB 的正面投影 $a'b'$ 与 OX 轴的交点。

这样，就得到在两面投影图中，根据直线的投影求其迹点的作图方法：

(1) 为求直线的水平迹点，应当延长直线的正面投影与 OX 轴相交，再从所得的交点，作 OX 轴的垂线与直线的水平投影相交，此时所得的交点即为水平迹点；

(2) 为求直线的正面迹点，应当延长直线的水平投影与 OX 轴相交，再从所得的交点，作 OX 的垂线与直线的正面投影相交，此时所得的交点即为所求的正面迹点。

【例题 2-7】 求作直线 AB 的水平迹点和正面迹点（图 2-25）。

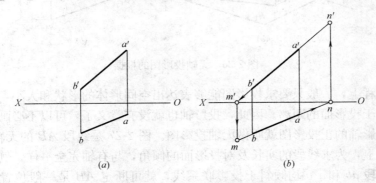

图 2-25 求作 AB 的水平迹点和正面迹点

作法：

(1) 延长 $a'b'$ 与 OX 轴相交，得水平迹点的正面投影 m'，再从 m' 向下作 OX 轴的垂线与 ab 相交，得水平迹点的水平投影 m，此点即为所求的水平迹点 M；

(2) 延长 ab 与 OX 轴相交，得正面迹点的水平投影 n，再从 n 向上作 OX 轴的垂线与 $a'b'$ 相交，得正面迹点的正面投影 n'，此点即为所求的正面迹点 N。

第七节 无轴投影图

把空间形体向投影面进行正投影时,所得投影图的形状、大小不受投影面距离远近的影响(参看图 1-6)。这是平行投影法的一个显著特点。

对于直线来说,即使改变了它与投影面的距离,它的投影也丝毫不会改变。如图 2-26 所示,线段 AB 的 H 面投影为 ab,V 面投影为 $a'b'$。现将 H 面平行于自身移动(上升或下降)一段距离 L 而至 H_1 面的位置,那么投影轴 OX 也相应地移动一段距离 L 而至 O_1X_1 的位置,此时线段 AB 在 H_1 面上的投影 a_1b_1 与 H 面投影 ab 没有任何区别。同样,如果把 V 面平行移动到某一新的位置,则投影轴也跟着移动到新的位置,此时线段 AB 的新的正面投影 $a'_1b'_1$ 与原来的正面投影 $a'b'$ 也是没有区别的。这就说明:当投影面平行移动时,只能引起投影轴的移动,而不能引起投影图的形状和大小的变化。

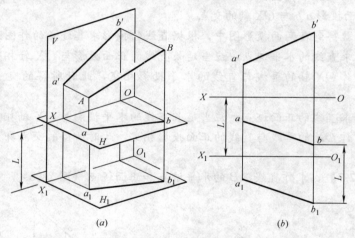

图 2-26 无轴投影图的根据

在工程上,一般只要求投影图能够表达出空间形体的形状和大小,而不需要考虑相对于投影面的距离。因此,投影轴也就没有意义了,可以不必画出。这种不画出投影轴的正投影图就叫做无轴投影图。图 2-27 是线段 AB 的无轴投影图。在这个图上,为求线段的实长及对投影面的倾角,与有轴完全一样。例如,由于给出的线段 ab 和 $a'b'$ 均倾斜于投影联系线,就可断定 AB 是一般位置线段。从 a' 作水平线与投影联系线 $b'b$ 相交于 c',$b'c'$ 的长度就是 A、B 两点的高度差 m。同样,从 a 作水平线与投影联系线 $b'b$ 相交于 d,bd 的长度就是 A、B 两点的深度差 n。知道了高度差 m 和深度差 n,显然可以应用直角三角形法求出线段 AB 的实长及倾角 α 和 β(具体作法已在图 2-27 中表明)。

【例题 2-8】 在无轴投影图中,根据线段 AB 的水平投影和正面投影,求作侧面投影,如图 2-28 所示。

作法:

(1)在 ab 右旁适当位置处,画出一条对铅垂联系线成 $45°$ 角的辅助线;

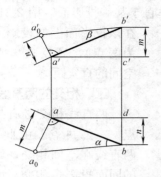

图 2-27 在无轴投影图中求线段的实长及倾角

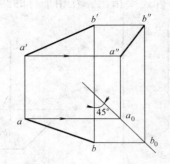

图 2-28 在无轴投影图中求线段的侧面投影

(2) 由 ab 两端引水平联系线与此辅助线相交于两点 a_0 和 b_0；

(3) 由 a_0 和 b_0 向上引铅垂联系线同 $a'b'$ 两端引出的水平线相交，得 a'' 和 b''；

(4) 用直线连接 a'' 和 b''，即得所求。

第八节 两直线的相对位置

两直线在空间所处的相对位置可分为三种，即平行、相交和交错。下面分别讨论它们的投影特性。

一、平行的两直线

根据绪论所说平行投影的特性可知：两直线在空间互相平行，则它们的同面投影也互相平行。

对于一般位置的两直线，如图 2-29，仅根据它们的水平投影及正面投影互相平行，就可断定它们在空间也互相平行。但是对于侧平线，则必须画出它们的侧面投影，才可以断定它在空间的真实位置。如图 2-30 给出的两条侧平线 AB 和 CD，因为它们的侧面投影并不互相平行，所以在空间也不互相平行。

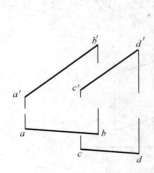

图 2-29 AB 和 CD 是互相平行的

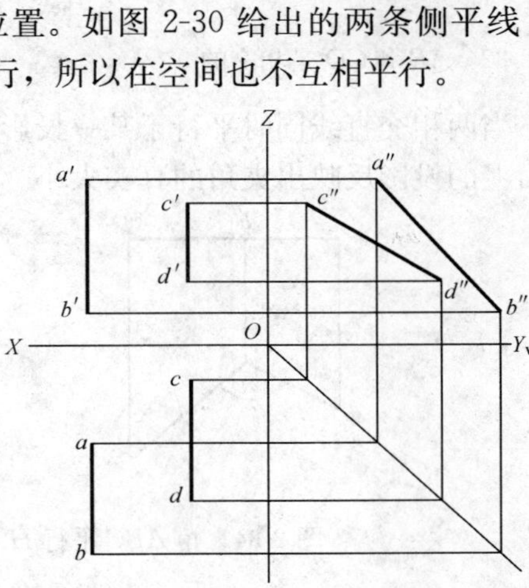

图 2-30 AB 和 CD 并不互相平行

另外还要指出：互相平行的两直线，如果垂直于某一投影面（图2-31），则在该投影面上的投影（积聚为两点），还反映出它们在空间的真实距离。

二、相交的两直线

两直线相交必有一个交点——公共点。由此可知：两直线在空间相交，则它们的同面投影也相交，而且各对同面投影交点的连线必符合空间一点的投影特性。

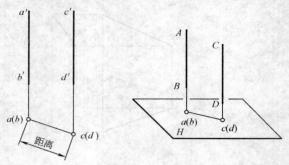

图2-31 两平行线垂直H面，水平投影反映真实距离

同平行的两直线一样，对于一般位置的两直线，只要根据水平投影及正面投影的相对位置，就可判别它们在空间是否相交。但是，对于其中有一条是侧平线，就需要看一看它们的侧面投影。图2-32所示的两直线是相交的，而图2-33则不相交。

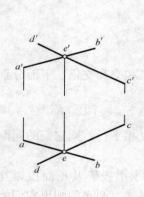

图2-32 AB和CD是相交的

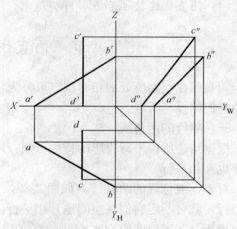

图2-33 AB和CD并不相交

当两相交直线同时平行于某一投影面时（图2-34），该相交直线的夹角在投影面上的投影反映出夹角的真实大小。

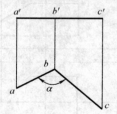

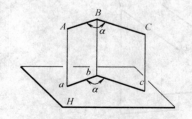

图2-34 角ABC平行H面，水平投影反映真实大小

三、交错的两直线

如图2-35所示，空间既不平行又不相交的两直线，就是交错的两直线。

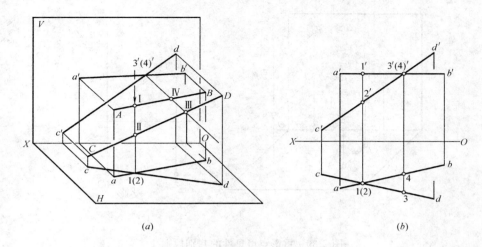

图 2-35 交错两直线的投影特性

由于这种直线不能同属于一个平面,所以立体几何中把这种直线叫做异面直线。

在两面投影图中,交错两直线的同面投影,也可能相交。要判别一般位置的两直线是相交的还是交错的,就在于判别它们的同面投影交点的连线是否垂直于 OX 轴。垂直就表示相交;不垂直就表示交错。对于其中有一条是侧平线(或两条都是侧平线),就需要看一看侧面投影。

事实上,交错两直线任何一对同面投影的交点是空间两个点的投影,这两个点分属于两条直线,且又位于同一条投影线上。如图 2-35,ab 和 cd 的交点是空间 AB 上的 Ⅰ 点和 CD 上的 Ⅱ 点的水平投影。因为 Ⅰ 和 Ⅱ 位在同一条铅垂线上,所以,水平投影 1 重合于 2(用符号 1(2) 表示)。同样地,$a'b'$ 和 $c'd'$ 的交点是空间 CD 上的 Ⅲ 点和 AB 上的 Ⅳ 点的正面投影。因为 Ⅲ 和 Ⅳ 位于同一条正垂线上,所以,正面投影 $3'$ 重合于 $4'$(用符号 $3'(4')$ 表示)。

空间位于同一条投影线上的两个点,因为它们有一对同面投影相重合,所以叫做重影点。由于观者在看三面投影图时,必须设想自己的视线是垂直于相应的投影面的,因此,对于同面投影相重合的两点,就产生了哪一点看得见和哪一点看不见的问题。

例如图 2-36 的 A、B 两点,因为它们位于一条铅垂线上,所以水平投影重合了。当观者从上向下看时(即俯视),因为 A 点高于 B 点,所以 A 点是看得见的,而 B 点则看不见(注意:从前向后看,它们都看得见)。至于 C、D 两点,因为它们位于一条正垂线上,所以正面投影重合了。当观者从前向后看时(即正视),因为 C 点前于 D 点,所以 C 点是看得见的,而 D 点则看不见(注意:从上向下看,它们都看得见)。这样一来,就得出判别重影点可见性的方法:

(1)为判别 H 面重影点的可见性,必须从上向下看,此时,较高的一点是看得见的,较低的一点则看不见;

第二章 点和直线

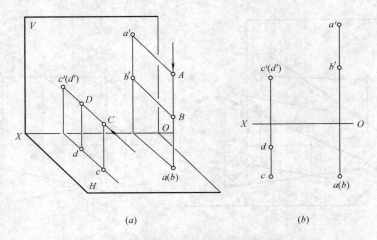

图 2-36 重影点可见性的判别规则

（2）为判别 V 面重影点的可见性，必须从前向后看，此时，较前的一点是看得见的，较后的一点则看不见。

下面，判别图 2-37 给出的两交错直线 AB 和 CD 上重影点的可见性。从水平投影的交点 1(2) 向上作铅垂联系线，与 $c'd'$ 相交于 $2'$，与 $a'b'$ 相交于 $1'$，因为 $1'$ 高于 $2'$，所以 AB 上的 Ⅰ 点高于 CD 上的 Ⅱ 点。这就是说：直线 AB 在 Ⅰ 点处高于直线 CD。同样，从正面投影的交点 $3'(4')$，向下作铅垂联系线，与 ab 相交于 4 点，与 cd 相交于 3 点，因为 3 前于 4，所以 CD 上的 Ⅲ 点看得见，而 AB 上的 Ⅳ 点看不见。这就说明：直线 CD 在 Ⅲ 点处前于直线 AB。

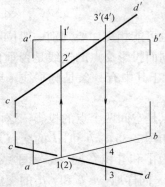

图 2-37 判别交错直线上重影点的可见性

第九节 直角的投影

两相交直线（或两交错直线）之间的夹角，可以是锐角、钝角或直角。一般来说，要使一个角不变形地投射在某一投影面上，必须使此角的两边都平行于该投影面。但是，对于直角，只要有一边平行于某一投影面，则此直角在该投影面上的投影仍旧是直角。

设空间直角 ABC（图 2-38）的一边 AB 平行于 H 面，而另一边 BC 倾斜于 H 面。因为 AB 既垂直于

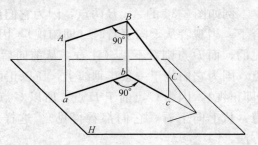

图 2-38 一边平行于一个投影的直角的投影特性

BC，又垂直于 Bb，所以 AB 垂直于铅垂面 $BCcb$。又知 AB 和它的投影 ab 是互相平行的，所以 ab 也同样垂直于铅垂面 $BCcb$。由此证得 $ab \perp bc$，即 $\angle abc = 90°$（至于直角 ABC 在 V 面的投影 $\angle a'b'c' \neq 90°$）。

由此得出结论：两条互相垂直的直线，如果其中有一条是水平线，那么它们的水平投影必互相垂直。同理，两条互相垂直的直线，如果其中有一条是正平线（或侧平线），那么它们的正面投影（或侧面投影）必互相垂直。

毫无疑问，上述结论既适用于互相垂直的相交两直线，又适用于互相垂直的交错两直线。

图 2-39 所表示的相交两直线 AB 和 BC 及交错两直线 MN 和 EF，由于它们的水平投影互相垂直，并且其中有一条为水平线，所以它们在空间也是互相垂直的。同样，图 2-40 所示的相交两直线及交错两直线，也是互相垂直的，因为它们的正面投影互相垂直，并且其中有一条为正平线。

直角投影的这种特性，常用来在投影图上解答有关距离的问题。下面仅举两个例题。

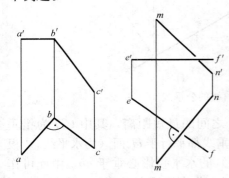 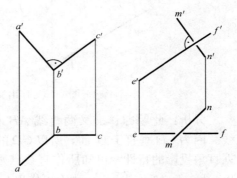

图 2-39　判别 AB 和 BC 及 EF 和 MN 是否互相垂直

图 2-40　判别 AB 和 BC 及 EF 和 MN 是否互相垂直

【例题 2-9】　确定点 A 到铅垂线 CD 的距离（图 2-41）。

分析：点到直线的距离，是用通过点向直线所引的垂线来确定的。由于所给直线 CD 是铅垂线，所以确定距离的垂线 AB 一定是水平线，它的水平投影反映实长。作法已表明在图 2-41 中。

【例题 2-10】　确定点 A 到正平线 CD 的距离（图 2-42）。

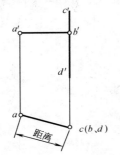 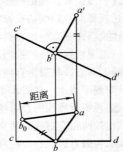

图 2-41　确定点 A 到铅垂线 CD 的距离

图 2-42　确定点 A 到正平线 CD 的距离

分析：本题所给的直线 CD 是正平线，通过 A 点向 CD 所引的垂线 AB 是一般位置直线。但根据直角的投影特性可知：$a'b' \perp c'd'$。

作法：
(1) 过 a' 作投影 $a'b' \perp c'd'$，得交点 b'；
(2) 由 b' 向下作垂线，在 cd 上得到 b；
(3) 连 a 和 b，得到投影 ab；
(4) 用直角三角形法，作出垂线 AB 的实长 ab_0。

【例题 2-11】 作一直线与 AB 和 CD 相交，并与它们垂直（图 2-43）。

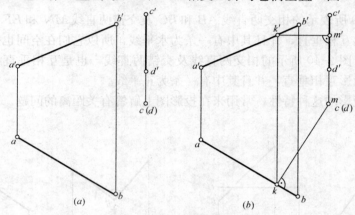

图 2-43 作出交叉两直线的公垂线

分析：此题即作交叉两直线 AB 和 CD 之间的最短距离，其中 CD 为铅垂线。因为 CD 垂直于 H 面，所以 CD 的任何垂线都平行于 H 面（为水平线）。根据直角投影的特性，可知所作直线（水平线）的水平投影必垂于 ab，由此可作出 mk（$\perp ab$），得 k 点。由 k 可作出 k'，再过 k' 作直线垂直于 $c'd'$，得 m'。$k'm'$ 是所求垂线的正面投影。直线 KM 即为所求。

复习思考题

1. 试述点的两面投影图的特性。
2. 试述点的三面投影图的特性。
3. 举例说明根据一点的已知二投影求作第三投影的方法。
4. 举例说明根据一点的三个坐标值作正投影图的方法。
5. 试述一般位置直线的投影特性。
6. 试述投影面平行线的投影特性。
7. 试述投影面垂直线的投影特性。
8. 举例说明根据线段的投影求其实长及倾角的方法。
9. 直线上的点，其投影有何特性？
10. 已知侧平线上一点的水平投影，怎样补出它的正面投影？
11. 试述两平行直线的投影特性。
12. 试比较两相交直线和两交错直线的投影特性。
13. 什么叫做重影点？如何判别它们的可见性？
14. 在什么情况下，直角的投影仍旧是直角？

第三章 平　　面

第一节　平面的表示法

平面在空间的位置，可以由平面内不在一条直线上的任意三个点来确定。因此，要在投影图上给出一平面，只要给出这个平面内任意三个点的投影就可以了。为了明显起见，常把给出的三个点连成一个三角形。

平面除用三点的投影给出以外，还可以用两条相交直线，或者用两条平行直线，或者用一条直线和不在此直线上的一个点的投影给出。事实上，这三种表示平面的方式都可以从三点的投影表示平面的基本方式转化而来。譬如，把三点中的任意两点连成直线，就转化成一直线和不在此直线上的一点了。

图 3-1 和图 3-2 所示的平面，是用三角形的投影给出的。根据所给三角形各顶点的位置，可以确定已知平面在空间的位置。

对三个投影面都倾斜的平面是一般位置平面。一般位置平面也有上行和下行之分。

1. 上行平面，它随着离开观者而逐渐上升

当用 $\triangle ABC$（图 3-1）表示上行平面时，它的投影特点是：各顶点的符号顺序 a-b-c 和 a'-b'-c' 是同方向的（即都是顺时针方向或者都是反时针方向）。

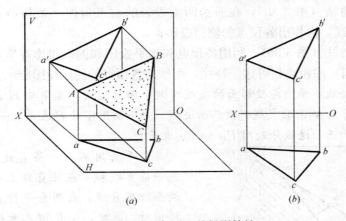

图 3-1　上行平面的投影特性

2. 下行平面，它随着离开观者而逐渐下降

当用 $\triangle DEF$（图 3-2）表示下行平面时，它的投影特点是：各顶点的符号顺序 d-e-f 和 d'-e'-f' 是反方向的（即一个是顺时针方向，而另一个是反时针方向）。

在无轴投影图中，根据三角形的已知的水平投影和正面投影，求作它的侧面

第三章 平面

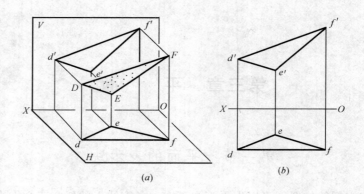

图 3-2 下行平面的投影特性

投影，可以用图 3-3 所示的两种方法：

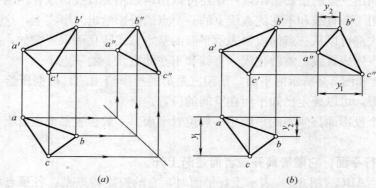

图 3-3 根据三角形的水平投影和正面投影作侧面投影

第一种方法（图 3-3a），在所给两面投影的右下角作一条与铅垂联系线成 45°角的辅助线，再作出各顶点的侧面投影；

第二种方法（图 3-3b），利用各顶点和水平投影和侧面投影在宽度方向（平行 OY 轴方向）的距离相等这一特性，而作出各顶点的侧面投影。

平面的迹线：平面与投影面的交线叫做平面的迹线，其中与 H 面的交线叫做水平迹线；与 V 面的交线叫做正面迹线。若平面用字母 P 表示，如图 3-4，则其水平迹线和正面迹线分别用 P_H 和 P_V 表示。

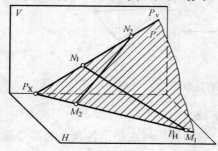

图 3-4 平面迹线的概念

当平面用不在一条直线上的三点，或一条直线和不在此直线上的一点，或两条相交直线，或两条平行直线的投影给出时，总之，用几何元素给出时，如何来画出它的迹线呢？分析图 3-4 可知：因为平面内的直线，其迹点必落在该平面的同面迹线上，所以作平面的迹线可归结为作该平面上两条直线的迹点。

【例题 3-1】 求作由相交两直线 AB

和 CD 给出的平面 P 的迹线（图 3-5）。

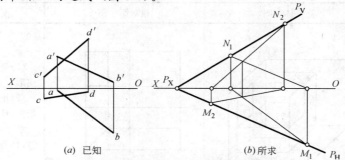

图 3-5　求作两相交直线所决定的平面的迹线

作法：

(1) 求出 AB 和 CD 的水平迹点 M_1、M_2 和正面迹点 N_1、N_2；

(2) 用直线连接所求的同面迹点，得水平迹线 P_H 和正面迹线 P_V。如果作图没有误差，所求的 P_H 和 P_V 应该相交于 OX 轴上的同一个点 P_X。

第二节　特殊位置平面

对一个投影面平行或者垂直的平面叫作特殊位置的平面。

一、投影面的平行面

这类平面有三种典型位置，我们把：

平行于水平投影面的平面叫作水平面；

平行于正立投影面的平面叫作正平面；

平行于侧立投影面的平面叫作侧平面。

表 3-1 列出了这三种平面（用长方形表示）的三面投影。

投影面的平行面　　　　　　　　　　　　　　　　　　表 3-1

名称	立体图	投影图	投影特性
水平面 $P/\!/H$			(1) 水平投影 p 反映实形 (2) 正面投影 p' 有积聚性，且 $p'/\!/OX$ 轴 　侧面投影 p'' 有积聚性，且 $p''/\!/OY_W$ 轴
正平面 $Q/\!/V$			(1) 正面投影 q' 反映实形 (2) 水平投影 q 有积聚性，且 $q/\!/OX$ 轴 　侧面投影 q'' 有积聚性，且 $q''/\!/OZ$ 轴

续表

名称	立体图	投影图	投影特性
侧平面 $R/\!/W$			(1) 侧面投影 r'' 反映实形 (2) 正面投影 r' 有积聚性,且 $r'/\!/OZ$ 轴 水平投影 r 有积聚性,且 $r/\!/OY_H$ 轴

分析表 3-1,可以归纳出投影面平行面的投影特性:

(1) 平面在它所平行的投影面上的投影反映实形(即有显实性);

(2) 平面在另外两个投影面上的投影积聚成直线(即有积聚性),并且分别平行于相应的投影轴。

二、投影面的垂直面

这类平面也有三种典型位置,我们把:

垂直于水平投影面的平面叫作铅垂面;

垂直于正立投影面的平面叫作正垂面;

垂直于侧立投影面的平面叫作侧垂面。

表 3-2 列出了这三种平面(用长方形表示)的三面投影。

投影面的垂直面　　表 3-2

名称	立体图	投影图	投影特性
铅垂直 $P \perp H$			(1) 水平投影 p 积聚成直线,并反映倾角 β 和 γ (2) 正面投影 p' 和侧面投影 p'' 不反映实形
正垂直 $Q \perp V$			(1) 正面投影 q' 积聚成直线,并反映倾角 α 和 γ (2) 水平投影 q 和侧面投影 q'' 不反映实形

续表

名称	立体图	投影图	投影特性
侧垂面 $R\perp W$			(1) 侧面投影 r'' 积聚成直线，并反映倾角 α 和 β (2) 正面投影 r' 和水平投影 r 不反映实形

分析表 3-2，可以归纳出投影面垂直面的投影特性：

（1）平面在它所垂直的投影面上的投影积聚成为直线（即有积聚性），此直线与投影轴的夹角等于空间平面与相应投影面的夹角；

（2）在另外两个投影面上的投影不反映实形，且变小。

三、垂直面的表示法

平行于一个投影面的平面，必然垂直于另外两个投影面。所以平行面可以看做垂直面的特殊情况。这样一来，六种特殊位置的平面，都可以称为垂直面。由于垂直面在以后的解题中经常用到，这里首先解决它们的表示法。

如果不考虑垂直面的几何形状，而只考虑它在空间的位置，那么，在投影图中，用垂直面有积聚性的那个投影（是一条直线），就能充分地表示这个平面。事实上，这条直线也就是垂直面扩大后与它所垂直的投影面的迹线。

如图 3-6 所示，用 P_V 标记的这条迹线（平行于 OX 轴）表明了一个水平面 P，注脚字母 V 说明 P 面垂直于正立投影面。再如图 3-7 所示，用 Q_H 标记的一条迹线（倾斜于 OX 轴）表明了一个铅垂面，同样，注脚字母 H 说明 Q 面垂直于水平投影面。

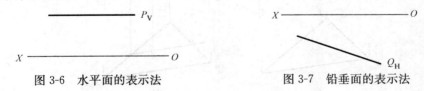

图 3-6 水平面的表示法　　　　图 3-7 铅垂面的表示法

第三节　平面内的直线和点

直线在平面内的判定规则是：

（1）一直线若通过一平面内的两点，则此直线必位于该平面内；

（2）一直线若通过一平面内的一点，又平行于此平面内的一直线，则此直线必位于该平面内。

根据这两条规则，就可以在投影图上作出属于已知平面内的直线。

例如图 3-8（a），已知平面由两条相交直线 AB 和 BC 的投影给出，我们在

第三章 平面

直线 AB 上任取一点 M，它的投影为 m、m'，又在直线 BC 上任取一点 N，它的投影为 n、n'（这要利用点在直线上的投影特性来取），那么由投影 mn、$m'n'$ 所表示的直线 MN 就一定位于已知平面内。再例如图 3-8（b），由投影 md、$m'd'$，所表示的直线 MD 也是位于已知平面内的，因为它通过了平面内的 M 点，又平行于平面内的 BC 直线。

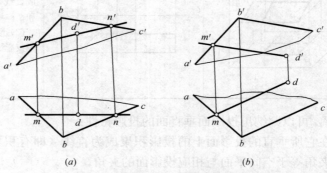

图 3-8 在已知平面内取直线和定点

至于在投影图上如何作出位于已知平面内的点？这个问题的解法可分为两步进行：

第一步，先在已知平面内引出一条辅助直线；

第二步，再在此辅助直线上定点。

图 3-8（a）中的 D 点就是这样作出的。

【例题 3-2】 已知 △ABC 内一点 M 的正面投影 m'，要求补出其水平投影 m（图 3-9）。

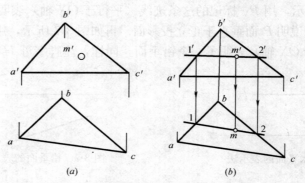

图 3-9 求作 △ 平面内已知点 M 的水平投影

如果在 △ABC 内过 M 点作一条辅助直线，那么 M 点的两个投影就必然落在此辅助直线的同面投影上。

作法：

(1) 在 △$a'b'c'$，内过 m' 任意地作一条辅助直线的正面投影 $1'2'$；

(2) 在 △abc 内求出此辅助直线的水平投影 12；

(3) 从 m' 向下引铅垂联系线，在 12 上得到 M 点的水平投影 m。

【例题 3-3】 已知平面四边形 $ABCD$ 的水平投影，但其正面投影只给出 a'、

b' 和 c' 三点，要求完成此四边形的正面投影（图 3-10）。

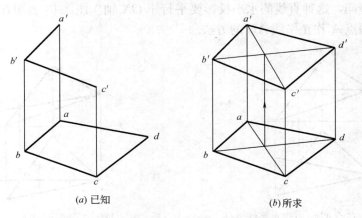

图 3-10　求作四边形的正面投影

解此题时，首先把 A、B、C 三点看做是一个三角形 ABC，而 D 点是三角形平面内的一个点。再用前述平面内作辅助线的办法，求出点 D 的正面投影；最后完成四边形的正面投影。

通过这个作图，可以得出结论：绘制一平面多边形的投影图，必须保证此多边形的各个顶点都位于同一平面内。

【例题 3-4】　经过已知直线 AB 作平面。这个问题有无数的解答。为求得唯一的解答，需要再加一个补充条件。

图 3-11（a）的补充条件是过已知直线 AB 作铅垂面 Q。图 3-11（b）的补充条件是作正垂面 R。因为铅垂面的水平投影积聚成为直线，所以用迹线符号 Q_H 标记在 AB 的水平投影 ab 上，即表示了铅垂面 Q。同样，因为正垂面的正面投影有积聚性，所以用迹线 R_V 标记在 $a'b'$ 上也就表示了正垂面 R。

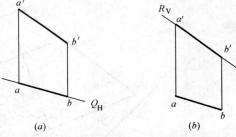

图 3-11　过已知直线作投影面的垂直面

第四节　平面内的特殊直线

平面内对投影面 H、V 和 W 处于特殊方向的直线叫作平面内的特殊直线。

一、平面内的投影面平行线

1. 平面内的水平线就是平面内平行于水平投影面 H 的直线

由于水平线的正面投影必平行于 OX 轴，所以，要在给出的△ABC 平面内经过顶点 A 作一条水平线 AD、就应该首先经过 a' 作正面投影 $a'd'$ //OX，与 $b'c'$ 相交于 d'，然后由 d' 向下作铅垂联系线，与 bc 相交于 d；最后，连 a 和 d 即得水平投影 ad（图 3-12）。

2. 平面内的正平线就是平面内平行于正立投影面 V 的直线

毫无疑问，这种直线的水平投影要平行于 OX 轴。图 3-13 表明在 $\triangle ABC$ 平面内经过顶点 A 作正平线 AE 的方法。

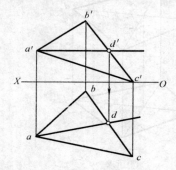
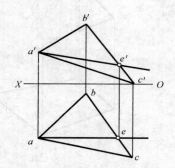

图 3-12　在 $\triangle ABC$ 内作水平线 AD　　　　图 3-13　在 $\triangle ABC$ 内作正平线 AE

二、平面内的最大斜度线

平面内的最大斜度线就是平面内垂直于各投影面的平行线的直线。其中垂直于水平线的直线叫作对 H 面的最大斜度线❶，垂直于正平线的直线叫作对 V 面的最大斜度线。

在图 3-14 所示的平面 P 内，因为直线 $AB \perp AC$，而且 AC 又是水平线，所以 AB 是对 H 面的最大斜度线。根据直角的投影特性可知 $ab \perp ac$。这就是说：平面内对 H 面的最大斜度线的水平投影必垂直于该平面内的水平线的水平投影。

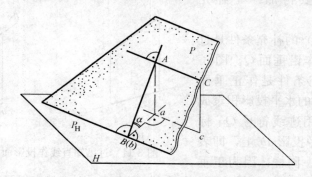

图 3-14　平面内对 H 面的最大斜度线的投影特性

从图上还可以看出，直线 AB 和它的水平投影 ab 同时垂直于 P_H，所以 $\angle AB\alpha$ 为平面 P 和 H 面所构成的两面角的平面角。这就得出结论：平面内对 H 面的最大斜度线的倾角 α，即等于该平面对 H 面的倾角 α。

图 3-15（a）表明在 $\triangle ABC$ 内经过顶点 B 作一条对 H 面最大斜度线的方法：

(1) 作水平线 AM 的投影 $a'm'$ 和 am，显然 $a'm' // OX$ 轴；

(2) 作 $bd \perp am$，bd 即为最大斜度线 BD 的水平投影；

---

❶ 平面内对 H 面的最大斜度线有时叫作降坡线；如果我们在某斜面上放一圆球体，那么此球体必沿降坡线滚下。

第四节 平面内的特殊直线

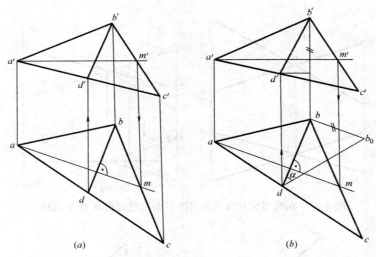

图 3-15 在△ABC 内作对 H 面的最大斜度线 BD，并求△ABC 对 H 面的倾角 α

图 3-15（b）表明在△ABC 内作出了最大斜度线 BD 的投影以后，又利用直角三角形法求出了 BD 对 H 面的倾角 α（此时要以 BD 的水平投影 bd 为一直角边），也就是求出了△ABC 对 H 面的倾角 α。

毫无疑问，平面内对 V 面的最大斜度线的正面投影必垂直于该平面内的正平线的正面投影，并且它对 V 面的倾角 β 就是该平面对 V 面的倾角 β。图 3-16 表明在两条互相平行的正平线 AB 和 CD 所确定的平面内作一条对 V 面的最大斜度线 MN，并利用直角三角形法求出了 MN 对 V 面的倾角 β（此时应以 MN 的正面投影 $m'n'$ 为一直角边），也就是求出了所给平面对 V 面的倾角 β。

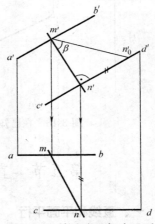

图 3-16 利用平面内对 V 面的最大斜度线求平面对 V 面的倾角 β

【例题 3-5】 在由两相交直线 AB 和 CD 所决定的平面上，过交点 K 作一正平线（图 3-17）。

【解】 因为正平线的水平投影必平行于 x 轴（此图无轴），但如何作出其正面投影，必须先在已知平面内作出一条辅助线 CF。为此，先作这条辅助线的水平投影 cf 与 ab 相交，得 f 点，再由 f 点向上投在 $a'b'$ 上得 f' 点。有了 f' 点，就可作出辅助线的正面投影 $e'f'$。至此，可过 k 点作水平线与 cf 相交得 e 点，由 e 点向上投在 $e'f'$ 上得 e' 点，连线 $e'k'$ 即为所求正平线的正面投影。

【例题 3-6】 在由直线 AB 和点 C 所决定的平面上，过点 A 作平面的最大斜度线，并求出平面的坡度角 α（图 3-18）。

【解】 平面内最大斜度线的特性是必垂直于平面内的水平线，由此其水平投影必垂直于平面内的水平线的水平投影。这样就不难得出的如图 3-18（b）所示作法。图中还用直角三角形法求出了已知平面的坡度角 α。

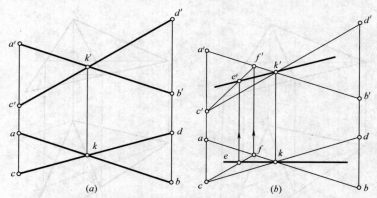

图 3-17　在两相交直线所确定的平面内过交点 K 作平面线

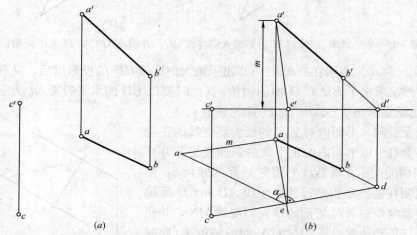

图 3-18　在已知平面内过 A 点作最大斜度，并求面的坡度 α

第五节　直线和平面平行、两平面平行

一、直线和平面平行

直线和平面平行的判定规则是：一直线若和一平面内的直线平行，则此直线就和该平面平行（见图 3-19）。

【例题 3-7】　试判别直线 AB 是否平行于 $\triangle LMN$（图 3-20）。

我们在 $\triangle LMN$ 上任作一条辅助直线 CD，使它的正面投影 $c'd' /\!/ a'b'$，再求出水平投影 cd，结果 cd 不平行于 ab。这就是说，在 $\triangle LMN$ 内不能作出一条直线平行于 AB，所以 AB 不平行于 $\triangle LMN$。

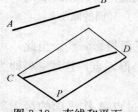

图 3-19　直线和平面平行的条件

【例题 3-8】　试经过点 A 作一条水平线平行于平面 BCD（图 3-21）。

首先，在平面 BCD 内任作一条水平线 MN（使它的正面投影 $m'n' /\!/ OX$ 轴，

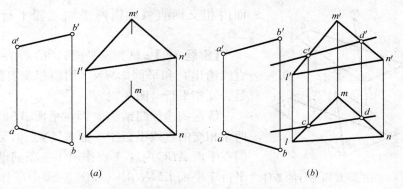

图 3-20 判别直线 AB 和 △LMN 是否平行

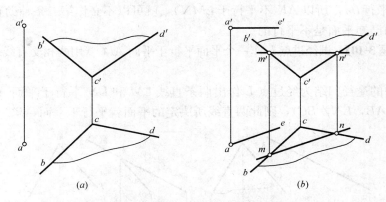

图 3-21 过 A 点作水平线平行于平面 BCD

并作出水平投影 mn），然后经过 A 点作直线 $AE // MN$（即作 $a'e' // m'n'$ 和 $ae // mn$），AE 即为所求水平线。

应该指出：当直线和投影面垂直面平行时，则此垂直面有积聚性的迹线必和此直线的同面投影平行。由此，可以看出图 3-22 所示的铅垂面 P 和直线 AB 是平行的。因为 $ab // P_H$，所以 $AB // P$。并且 ab 和 P_H 之间的距离，还等于直线 AB 和铅垂面 P 之间的距离。

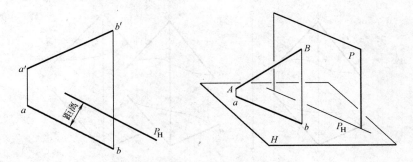

图 3-22 直线和垂直面的互相平行

二、两平面平行

平面和平面平行的判定规则是：若一平面内相交两直线对应地平行于另一平

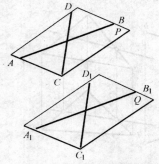

图 3-23 两平面互相平行的条件

面内相交两直线，则两平面互相平行（图 3-23）。

【例题 3-9】 试判别平面 ABC（用一点和一直线给出）和平面 LMN（用两相交直线给出）是否互相平行（图 3-24）。

解题的途径归结为能否在平面 ABC 内作出两条相交的直线平行于平面 LMN。但是，当我们在平面 ABC 内过 A 点作出了一条辅助直线不平行于平面 LMN 时（如图 3-24 中所作辅助线 AK 的正面投影 $a'k'$，虽平行于 $l'm'$，但水平投影 ak 不平行 lm，所以 AK 不平行于 LMN），就可以不必作第二条辅助直线而立即断定两已知平面是不平行的。

【例题 3-10】 试经过点 L 作一个平面平行于平面 ABC（用两相交直线表示，图 3-25）。

解题的途径归结为经过点 L 作出两条直线 LM 和 LN 平行于平面 ABC（其中 LM∥AB，LN∥BC），则此两直线所决定的平面就平行于平面 ABC。

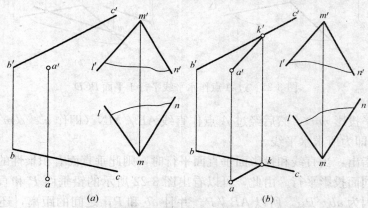

图 3-24 判别两平面 ABC 和 LMN 是否互相平行

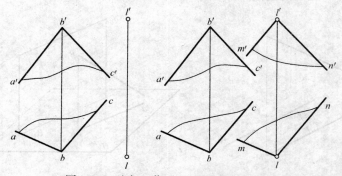

图 3-25 过点 L 作平面平行于平面 LMN

当给出的两个平面都是同一投影面的垂直面时，可直接根据迹线来判别它们是否互相平行。例如图 3-26 中的铅垂面 P 和 Q，因为 $P_H∥Q_H$，所以 P∥Q，并

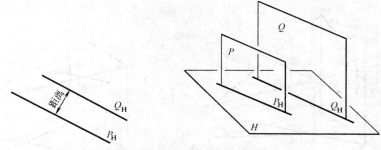

图 3-26 两个垂直面的互相平行

且 P_H 和 Q_H 之间的距离还等于两垂直面在空间的距离。

第六节　直线和平面相交、两平面相交

直线和平面相交，有一个交点。两个平面相交，有一条交线。下面分四种情况讨论确定直线和平面的交点，以及两个平面的交线的作图问题。

一、直线和特殊位置平面相交

设直线 AB 和铅垂面 P 相交于 K 点（图 3-27）。根据平面投影的积聚性及直线上点的投影特性可知：水平投影 k 必是 P_H 和 ab 的交点。有了水平投影 k，就可以在直线的正面投影上定出 k'。

图 3-28 表明在投影图上的作法：

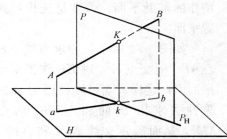

图 3-27　直线和特殊位置平面交点画法的分析

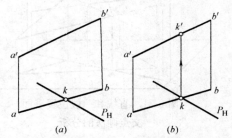

图 3-28　求作 AB 和铅垂面 P 的交点

(1) 用字母 k 标出 ab 和 P_H 的交点；

(2) 由 k 向上作铅垂联系线与 $a'b'$ 相交，得 k'。

图 3-29 表明求作直线 CD 和正垂面 Q 的交点 K 的步骤：

(1) 用字母 k' 标出 $c'd'$ 和 Q_V 的交点；

(2) 由 k' 向下作铅垂联系线与 cd 相交，得 k。

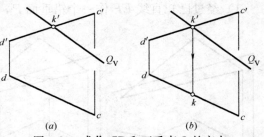

图 3-29　求作 CD 和正垂直 Q 的交点

二、一般位置平面和特殊位置平面相交

分析图 3-30 不难看出：一般位置平面和特殊位置平面相交，所得交线投影

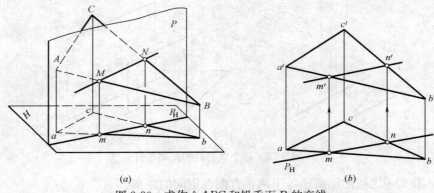

图 3-30 求作△ABC 和铅垂面 P 的交线

的画法,可归结为求作一般位置平面内的两条直线和特殊位置平面的两个交点的投影。可见,这个问题的解法是前一个问题的应用。

三、直线和一般位置平面相交

求作直线和一般位置平面的交点,应分三个步骤进行:

第一步,经过已知直线作一个辅助平面;

第二步,求此辅助平面同已知平面的交线;

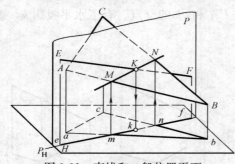

图 3-31 直线和一般位置平面交点画法的分析

第三步,确定此交线同已知直线的交点。

为了作图简化起见,过已知直线所作的辅助平面,通常是选择特殊位置平面。

如图 3-31 所示,为求直线 EF 和△ABC 的交点 K,过 EF 作铅垂辅助平面 P,这样,就可以利用 P 面的积聚性去求出 P 面和△ABC 的交线 MN,从而确定交线 MN 和直线 EF 的交点 K。

图 3-32 表明投影图上的作法:

(1) 经过已知直线 EF 作一个铅垂面 P,即以 ef 为 P_H;

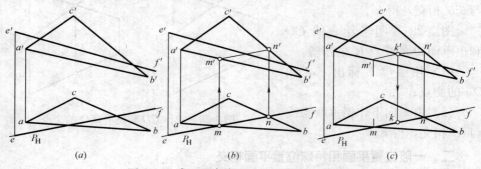

图 3-32 求 EF 直线和△ABC 平面的交点

(2) 求出此铅垂面 P 和已知△ABC 的交线 MN，这就需要利用 P_H 的积聚性求出△ABC 的两条边 AB 和 BC 与 P 面的两个交点 M 和 N 的投影，而后连 M、N 得交线的投影 mn 和 $m'n'$；

(3) 确定所求交线 MN 和已知直线 EF 的交点 K，此时，正面投影 k'，就是 $e'f'$ 和 $m'n'$ 的交点，再过 k' 向下作铅垂联系线，在 ef 上得到水平投影 k。

四、两个一般位置平面相交

求作两个一般位置平面的交线时，必须加上两个辅助平面，求出所给平面的两个公共点，再用直线连接这两个公共点，即为所求的交线。辅助平面的选择，显然也是以特殊位置平面为最好。其空间的作图步骤如图 3-33 所示：

已知平面 P 用两条平行线给出，而平面 Q 用两条相交直线给出：

(1) 加两个辅助水平面 T_1 和 T_2；

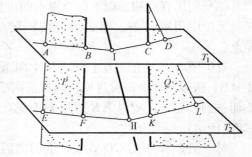

图 3-33 两个一般位置平面交线画法的分析

(2) 求出辅助水平面 T_1 与 P 及 Q 的交线 AB 和 CD，以及辅助水平面 T_2 与 P 及 Q 的交线 EF 和 KL；

(3) 求出 AB 和 CD 的交点Ⅰ及 EF 和 KL 的交点Ⅱ；

(4) 用直线连接Ⅰ和Ⅱ，即得所求的交线。

按着这四步进行的投影作图已在图 3-34 中清楚地表明了，此处从略。显然，不用水平面为辅助平面，而用正平面为辅助平面，也可以求得交线（建议读者自己画一画）。

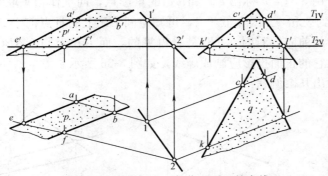

图 3-34 求作两个一般位置平面的交线

综上所述可知：在求解直线和平面的交点，以及两个平面的交线时，如果给出的平面为特殊面，就可以直接利用平面投影的积聚性来确定所求的交点和交线，这对解题极为有利。但是，如果给出的平面为一般位置面，则需要通过一些辅助性的作图。这些辅助性的作图，就其实质来说，还是利用了特殊面的积聚性。

由于我们认为平面是不透明的，因此，在直线和平面的交点确定了以后，还会产生判别直线的可见性问题。也就是说，当我们从上向下看直线的水平投影时，位在平面之上的部分是看得见的（用实线画出），位在平面之下被平面遮住的部分是看不见的（用虚线画出）。同样，当我们从前向后看直线的正面投影时，位在平面之前的部分是看得见的（用实线画出），位在平面之后被平面遮住的部分是看不见的（用虚线画出）。

判别可见性的基本途径是下面两条：

（1）读出直线和平面在空间的趋势（上行或下行），从而确定直线的可见性；

（2）利用直线和平面上的重影点的可见性，从而确定直线的可见性。

无论应用哪一条，都必须记住，交点是直线可见部分和不可见部分的分界点。

对于图 3-28 中的 AB 直线，从上向下看时，因平面 P 投影成直线，不能遮住 AB，所以 AB 全都看得见；但从前向后看时，因 AB 从 P 的左前方经过交点 K 而进到右后方，所以 KB 这段看不见，它的正面投影应改为虚线（结果如图 3-35a 所示）。

对于图 3-27 中的 CD 直线，从前向后看时，因平面 Q 投影成直线，不能遮住 CD，所以 CD 全都看得见；但从上向下看时，因 CD 从 Q 的右上方经过交点 K 而进到左下方，所以 CK 这段看不见，它的水平投影应改为虚线，如图 3-35（b）所示。

对于图 3-32 中的 EF 直线，可以利用 $\triangle ABC$ 的任意一边与 EF 的一对重影点来确定 EF 的可见性。譬如用 1（2）标出 bc 和 ef 的重影点，向上作铅垂联系线，分别在 $b'c'$ 和 $e'f'$ 上得 $1'$ 和 $2'$。因 $1'$ 高于 $2'$，可知 BC 上的 I 点高于 EF 上的 II 点。所以观者从上向下看时，BC 上的 I 点为看得见，而 EF 上的 II 点为看不见。既然 II 点看不见，那么 EF 上 K II 这段线就看不见，它的水平投影应画成虚线。同样，用 $3'$（$4'$）标出 $e'f'$ 和 $a'c'$ 的重影点，向下作铅垂联系线，分别在 ef 和 ac 上得到 3 和 4。因 3 低于 4，可知空间 EF 上的 III 点前于 AC 上的 IV 点。所以，当观者从前向后看时，EK 是看得见的，而 KF 上与 $\triangle ABC$ 重影的那段是看不见的，它的正面投影应画成虚线，如图 3-36 所示。

下面再举出几个例题：

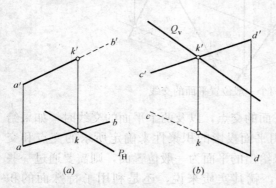

图 3-35　判别直线与特殊平面相交后的可见性

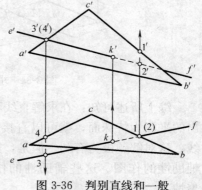

图 3-36　判别直线和一般平面相交后的可见性

【例题 3-11】 求作铅垂线 AB 和 $\triangle LMN$ 的交点，并判别 AB 的可见性（图 3-37）。

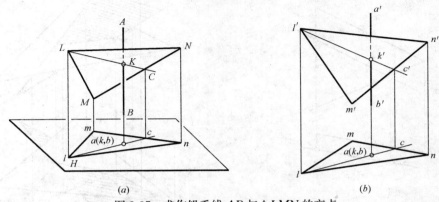

图 3-37 求作铅垂线 AB 与 $\triangle LMN$ 的交点

分析：本题可经过直线 AB 作铅垂面而求得交点 K 的投影。但是，如果注意到 AB 的水平投影有积聚性，交点 K 的水平投影 k 必积聚在 a（b）上，那么只要在 $\triangle LMN$ 上作一条辅助线 LC，使它的水平投影通过 k，就可以求出交点 K 的正面投影 k'。

作法：

（1）在 a（b）上标出 k；

（2）过 k 作辅助线的水平投影 lc；

（3）由 c 向上作铅垂联系线，在 $m'n'$ 上得 c'；

（4）辅助线的正面投影 $l'c'$ 和 $a'b'$ 的交点 k'，即为所求。

判别 AB 的可见性：根据 $\triangle LMN$ 两个投影不同标记顺序，可以读出三角形是下行平面，直线 AB 从上向下穿过 $\triangle LMN$。当观者从前向后看时，AK 上与三角形重影的那段，被平面遮住了，是看不见的，它的正面投影应该画成虚线。

【例题 3-12】 已知 $\triangle ABC$ 的一边 AB 平行于正垂面 P，BC 为侧平行线，求作 $\triangle ABC$ 和正垂面 P 的交线，并判别 $\triangle ABC$ 的可见性（图 3-38）。

分析：从正面投影可以看出，直线 AC 和 BC 与 P 面相交，设交点为 M 和 N。而 AB 与 P 面平行，则可推知所求的交线 $MN/\!/AB$。在投影图上，利用 P_V 的积聚性，可以求出 M 和 N 的正面投影 m' 和 n'，并由 m' 求出 m。因为 BC 是侧平行线，所以不能由 n' 直接求得 n。但注意到 $MN/\!/AB$ 的特性，就可以过 m 作直线平行于 ab，而在 bc 上求得 n。

作法：

（1）用 m' 和 n' 分别标出 $a'c'$ 和 $b'c'$ 与 P_V 的交点；

（2）用 m' 向下作铅垂联系线，在 ac 上得 m 点；

（3）由 m 作直线平行于 ab，在 bc 上得 n 点。

判别 $\triangle ABC$ 的可见性：因空间线段 MC 和 NC 都在 P 面以下，所以它们的水平投影均应画成虚线。

【例题 3-13】 求作 $\triangle ABC$ 和 $\triangle DEF$ 的交线，并判别它们的可见性（图 3-39）。

第三章 平面

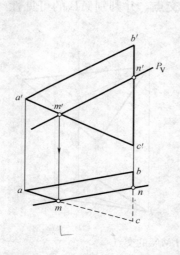
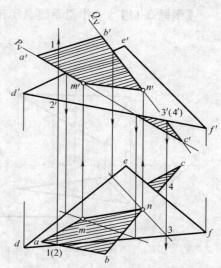

图 3-38 求△ABC 与正垂面 P 的交线　　图 3-39 求作两个三角形的交线

分析：解答这类习题，最好是过其中一个三角形的两条边分别作两个辅助平面，去求所给平面的两个公共点，以定交线。

作法：

(1) 过 AC 作正垂面 P_V，求出 AC 和△DEF 的交点 M；

(2) 过 BC 作正垂面 Q_V，求出 DC 和△DEF 的交点 N；

(3) 连接 M 和 N，MN 即为所求之交线。

判别可见性——这里我们规定把其中一个三角形（如△ABC）可见部分的投影画上平行细线，两个三角形不可见的轮廓线不画出。

首先指出，两个平面的可见部分和不可见部分必以交线为分界线；判别平面的可见性，归结为判别平面内重影点的可见性。为此，在水平投影中，用 1(2) 标出 ab 和 df 的重影点，并向上作铅垂联系线，在 $a'b'$ 和 $d'f'$ 上分别得 1′和 2′。因 1′高于 2′，所以空间 AB 上的Ⅰ点高于 DF 上的Ⅱ点。由此判定当从上向下看时，△ABC 中 ABNM 部分是可见的，它的水平投影应画上平行细线。再把△ABC 的水平投影露出于△DEF 的水平投影以外部分也画上平行细线，整个水平投影的可见性问题也就解决了。同样，在正面投影中，用 3′(4′) 标出 $d'f'$ 和 $b'c'$ 的重影点，向下作铅垂联系线，在 df 和 bc 上分别得到 3 和 4。因为 3 低于 4，所以在空间 DF 上的Ⅲ点前于 BC 上的Ⅳ点。由此断定当从前向后看时，△ABC 中在交线 MN 以下且与△DEF 重影的部分是不可见的，它的正面投影可不画出。其余部分是可见的，应该画上平行细线。

第七节　直线和平面垂直、两平面垂直

一、直线和平面垂直

由立体几何可知：一条直线若和一个平面内的任意两条相交直线垂直，则这条直线就和这个平面互相垂直。为了叙述方便起见，我们把垂直于一个平面的直

线叫做这个平面的垂线,把这个平面叫做这条直线的垂面。显然,当平面已知,则它的垂线的方向也就被确定;这种特性,表现在投影图上,就是平面垂线的投影具有确定的方向。

设直线 AB 垂直于平面 P,B 点为垂足(图 3-40)。为了找到 AB 各投影的方向,我们经过 B 点在 P 面内作一条水平线 BM 和一条正平线 BN。由于 $AB \perp P$ 面,所以 $AB \perp BM$ 和 BN。再根据一边平行于一个投影面的直角投影特性,就可以知道:$ab \perp bm$,$a'b' \perp b'n'$。

由此得出结论:平面垂线的水平投影必垂直于这个平面内的水平线的水平投影;正面投影必垂直于这个平面内的正平线的正面投影;同样,侧面投影必垂直于这个平面内的侧平线的侧面投影。

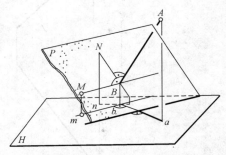

图 3-40 平面垂线投影特性

应用平面垂线的投影特性,可以解答如下性质的问题:

1. 经过已知点作直线垂直于已知平面

图 3-41 表明这个问题的解法:先过所给△BCD 的一个顶点 B 作一条水平线 BM 和一条正平线 BN,再过已知点 A 的水平投影 a 作 ae 垂直于水平线 BM 的水平投影 bm,又过已知点 A 的正面投影 a' 和 $a'e'$ 垂直于正平线 BN 的正面投影 $b'n'$。最后,ae 和 $a'e'$ 即为所求垂线 AE 的投影。

必须指出,此时还没有求得 AE 在△BCD 上的垂足。为求垂足 K,需要利用辅助平面法求出 AE 和△BCD 的交点。一旦求出了垂足 K,如果再用直角三角形法求出了 AK 的实长,那么,所求实长就是已知点 A 到△BCD 的真实距离(图 3-42)。

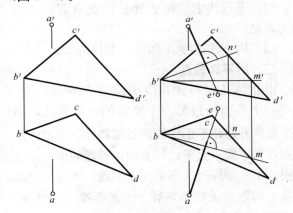

图 3-41 过 A 点作直线垂直于△BCD

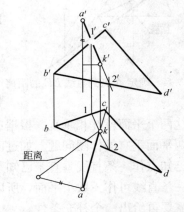

图 3-42 确定 A 点到△BCD 的距离

2. 经过已知点作平面垂直于已知直线

图 3-43 表明这个问题的解法:经过已知点 A 作水平线 AB 垂直于已知直线 EF,此时要使 $ab \perp ef$;作正平线 AC 垂直于 EF,此时要使 $a'b' \perp e'f'$。直线

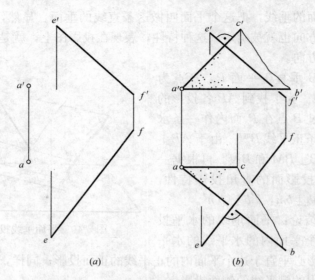

图 3-43 过 A 点作平面垂直于直线 EF

AB 和 AC 所确定的平面即为所求。

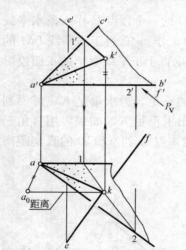

图 3-44 确定 A 点到直线 EF 的距离

同样地，如果求出了已知直线 EF 和所作垂面 ABC 的交点 K 以后，再用直角三角形法求出了 AK 的实长，那么所求实长，就是点 A 到直线 EF 的真实距离（图 3-44）。

3. 经过已知点作直线垂直相交于已知直线

归纳一下图 3-41 和图 3-42 的作图，就可得出这个问题的解法：

(1) 过 A 点作平面 P 垂直于直线 EF；

(2) 求直线 EF 和平面 P 的交点 K，此点即为垂足；

(3) 用直线连接 A 和 K，即得所求。

二、两平面垂直

由立体几何可知，两平面垂直的条件是：如果一个平面经过另一个平面的一条垂线，那么这两个平面就互相垂直。根据这个条件并运用平面垂线的投影特性，就可以解决两平面垂直的作图问题。如过已知点作平面垂直于已知平面，解题的第一步应过已知点作一条直线垂直于已知平面；第二步应过这条垂线作平面。因为过空间的一条直线可作无数个平面，所以这个问题有无数个解答。为求得唯一的解答，就需要再给出一个补充条件。

图 3-45 已知平面 P 用一个平行四边形 Ⅰ Ⅱ Ⅲ Ⅳ 表示出，并且此平行四边形由两条水平线和两条正平线组成。要求经过 A 点作平面既垂直于 P 面，又平行于 P 面上的正平线。

作法：过 A 点作直线 AN⊥P 面（即 an⊥23，且 a'n'⊥1'2'），又过 A 点作

正平线 $AM/\!/P$ 面（即 $am/\!/12$，且 $a'm'/\!/1'2'$）。直线 AN 和 AM 所决定的平面即为所求。

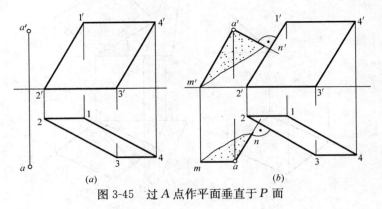

图 3-45 过 A 点作平面垂直于 P 面

第八节　综合性作图问题举例

【例题 3-14】 过 A 点作直线既平行于平面 BCD，又和直线 MN 相交（图 3-46）。

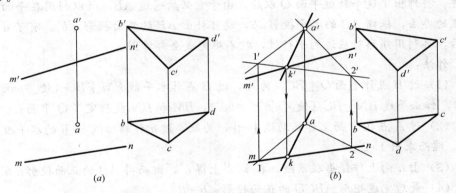

图 3-46 过 A 点作直线平行于平面 BCD 且和 MN 相交

分析：所作直线要满足两个条件：①平行于已知平面 BCD；②与已知直线 MN 相交。满足第一个条件有无数解，这些解的轨迹是一个通过 A 点平行于已知平面 BCD 的平面 Q。这个轨迹平面 Q 可以先画出。有了 Q 面，再求出已知直线 MN 和 Q 面的交点 K，直线 AK 就同时满足上述两个条件。不难看出，如果所给直线 MN 和平面 BCD 互相平行，就没有解答。

作法：

（1）过 A 点作平面 Q（图中用 Ⅰ A Ⅱ 表出）平行于已知平面 BCD；

（2）求出已知直线 MN 和平面 Q 的交点 K；

（3）用直线连接 A、K 两点，即得所求。

【例题 3-15】 已知矩形 $ABCD$ 的水平投影及一边 BC 的正面投影，试完成其正面投影（图 3-47）。

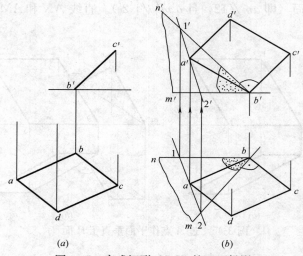

图 3-47 完成矩形 ABCD 的正面投影

分析：根据矩形的顶角必为直角这一特征，可以先把问题转化为：补作直角 ABC 的正面投影。因为直角 ABC 的一边 BC 是已知的，所以通过 B 点且垂直于 BC 的平面 Q 可以作出。事实上，平面 Q 也就是通过 B 点且垂直于 BC 的直线的轨迹。当作出了这个轨迹平面 Q 以后，由于它必然通过 AB，所以利用在平面内取点的办法，根据 AB 的水平投影 ab，就可补出 AB 的正面投影 a'b'。有了 a'b' 以后，再利用矩形对应边的平行性，就不难完成全部作图。

作法：

(1) 过 B 点作平面 $Q \perp BC$，为此，过 B 点作水平线 $BM \perp BC$（使 $\angle mbc = 90°$），作正平线 $BN \perp BC$（使 $\angle n'b'c' = 90°$），BM 和 BN 就确定了 Q 平面；

(2) 过 A 点在 Q 面上作辅助线 Ⅰ-Ⅱ，为此，过 a 作辅助线 Ⅰ-Ⅱ 的水平投影 1-2，继而求出 1'-2'；

(3) 由 a 向上作铅垂联系线，在 1'-2' 上得 a'，继而得 AB 的正面投影 a'b'；

(4) 最后完成矩形 ABCD 的正面投影 a'b'c'd'。

【**例题 3-16**】 以直线 AB 为底边作一等腰三角形 ABC，使其顶点 C 落在直线 EF 上（图 3-48）。

分析：问题的实质就是要在直线 EF 上求得一点 C，使它与 A、B 两点等距离。与 A、B 两点等距离的点形成了一个轨迹，这个轨迹是直线 AB 的中垂面。这个中面垂面与 EF 直线的交点就是 C 点。

作法：

(1) 在直线 AB 的各投影上定出中点 D 的投影 d 和 d'；

(2) 过 D 点作 AB 的垂面 Q，为此，过 D 点作水平线 $DM \perp AB$（使 $\angle mdb = 90°$），作正平线 $DN \perp AB$（使 $\angle n'd'b' = 90°$）；

(3) 求作直线 EF 与平面 Q 的交点 C，为此，过 EF 作水平面 R 为辅助面，求出此辅助面 R 与平面 Q 的交线——此交线的水平投影要平行于 dm，再定出交点 C 的投影 c 和 c'；

第八节 综合性作图问题举例

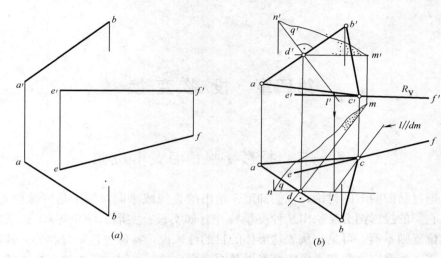

图 3-48 以 AB 为底边，作一个顶角 C 在直线 EF 上的等腰三角形

（4）△abc 和△a'b'c'所表示的△ABC，即为所求的等腰三角形。

从上面几个例题中可以看到：为求作同时满足几个条件或特定条件的几何元素的投影时，常常需要运用轨迹的方法。一般地说，运用轨迹的方法解决问题，首先只考虑满足某一个条件，而撇开其他条件，这时答案就变为不确定，有无数个解，这无数个解必定形成一个轨迹。先把这轨迹画出来，然后再考虑满足其他的条件。这样就可在所作的轨迹中求解答案。

复习思考题

1. 试述在正投影图上表示平面的方法。
2. 试述特殊位置平面的投影特性。
3. 如何绘制位于已知平面内的直线和点。
4. 举例说明在已知平面内作水平线和正平线的方法。
5. 什么叫平面内的最大斜度线？它有什么用途。
6. 如何判别已知的直线和平面是否互相平行？
7. 怎样过已知点作平面平行于已知平面？
8. 举例说明直线和平面交点的画法。
9. 举例说明两平面交线的画法。
10. 如何判别直线和平面相交后直线的可见性？
11. 试述并证明平面垂线的投影特征。
12. 举例说明求点到平面之间真实距离的方法。
13. 举例说明求点到直线之间真实距离的方法。
14. 怎样过已知点作平面垂直于已知平面？

第四章 投影变换

第一节 投影变换的目的和方法

通过前面两章的讨论，我们知道：给出的直线或平面，如果是特殊位置的，那么它们的投影图必反映出某种度量特性（如实长、实形、倾角等），如果处于一般位置则不能。可见，从表达形体的目的性来说，特殊位置是有利的。其次我们知道：当确定直线和平面的交点以及两个平面的交线时，所给的直线或平面如处于特殊位置，则可以利用"积聚性"来解题，不需要其他的辅助作图。再譬如求解点到直线的距离，具体可分三种情况：①点到投射线的距离（图4-1a）；②点到平行线的距离（图4-1b）；③点到一般位置直线的距离（图4-1c）。显然，以第一种情况为最方便（因为在投影图上可以直接反映它们之间的距离）。而后面两种情况，就需要用到一些辅助性的作图。

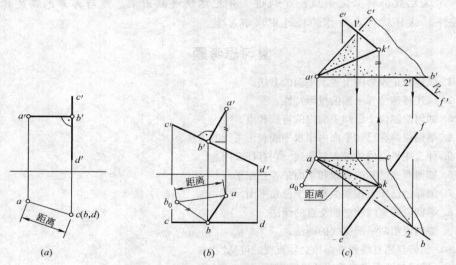

图 4-1 求点到直线的距离的三种情况

上述种种，都向我们提出了一个问题：为了更好地表达空间形体，或者简化某些定位问题和度量问题的解答，应该设法使所给的一般位置直线或平面，变换成某种特殊位置。

投影变换的目的，就在于改变已知形体对投影面体系的相对位置，以达到简化定位问题和度量问题的解答。

为实现这种变换，有两种不同的方法：

(1) 设给出的形体不动，用新的投影面体系去代替原投影面体系，此法叫做

变换投影面法,简称换面法;

(2)设投影面体系不变,把给出的形体绕一固定的轴线旋转,此法叫做旋转法。

本章首先讨论这两种方法的基本原理及基本作图,然后说明它们的应用。

第二节　变换投影面法

一、基本原理

变换投影面法,是把两个基本投影面 H 和 V 之中的一个,用一个新投影面来代替,并且这个新投影面必须垂直于那个被保留的投影面,从而建立起新的投影面体系。

这里,我们必须首先了解在投影面体系变换时,点的投影的变换规律。

1. 变换正立投影面

变换投影面 V 时,新投影面——用符号 V_1 表示——必须垂直于被保留的 H 面,从而得新体系 (H、V_1),如图 4-2 (a)。

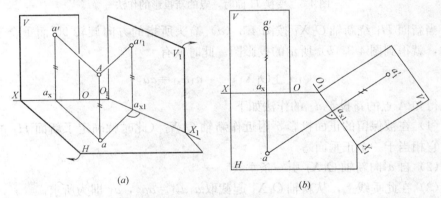

图 4-2　变换 V 面时,点的新投影的作法

设原体系中有一个点 A,它的原投影是 a 和 a';为作出 A 点在新投影面 V_1 上的投影,我们经过 A 向 V_1 引垂线,所得垂足 a'_1 就是 A 点的新投影。为区别起见,我们把 a' 叫做被代替的投影,把 a 叫做被保留的投影,V 和 H 的交线 OX 为旧投影轴,V_1 和 H 的交线 O_1X_1 为新投影轴。

当新面 V_1 绕新轴 O_1X_1 按图 4-2 (a) 箭头所指的方向旋转 $90°$ 而重合于 H 面时,就得到图 4-2 (b) 所示的投影图。从图中可以看出:

$$a'_1 a \perp O_1 X_1; \qquad a'_1 a_{x1} = a' a_x$$

这样一来,我们就不难在投影图上,根据一点的已知两投影,求作它的新投影。

如已给出 A 点的两面投影 a 和 a',求 A 点在新面 V_1 上的投影 a'_1,作法如下:

(1) 在被保留的水平投影 a 附近作新轴 O_1X_1(此时就确定了新面 V_1 的位置,它相当于一个铅垂面);

(2) 自 a 向新轴 O_1X_1 引一条垂线;

(3) 在此垂线上，从新轴 O_1X_1 起截取 $a'_1a_{x1}=a'a_x$，a'_1 即为所求。

2. 变换水平投影面

变换投影面 H 时，新投影面——用符号 H_1 表示——必须垂直于被保留的 V 面，从而得新体系（H_1、V），如图 4-3（a）所示。

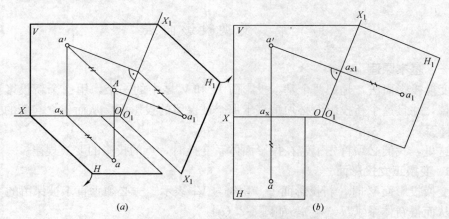

图 4-3　变换 H 面时，点的新投影的作法

当新面 H_1 绕新轴 O_1X_1 按图 4-3（a）箭头所指的方向旋转 90°而重合于 V 面时，就得到图 4-3（b）所示的投影图。此时就有

$$a_1a' \perp O_1X_1; \qquad a_1a_{x1}=aa_x$$

由此得知 A 点的新投影 a_1 的作法如下：

(1) 在被保留的正面投影 a' 附近作新轴 O_1X_1（此时就确定了新面 H_1 的位置，它相当于一个正垂面）；

(2) 自 a' 向新轴 O_1X_1 引一条垂线；

(3) 在此垂线上，从新轴 O_1X_1 起截取 $a_1a_{x1}=aa_x$，a_1 即为所求。

综上所述，无论变换 V 面或 H 面，可以得到这样的结论：

(1) 点的新投影和被保留的投影的连线，必垂直于新轴 O_1X_1；

(2) 点的新投影到新轴 O_1X_1 的距离，必等于被代替的投影到旧轴 OX 的距离。

3. 变换两次投影面

上述新投影面体系（H、V_1）、或（V、H_1），都是经过变换一次投影面之后（变换 V 面或 H 面）形成的。实际上，根据解题需要，我们还可以继续变换被保留下来的旧投影面，即变换两次投影面。这就是说，对体系（H、V_1）可以继续变换 H 为 H_1，并且使得 $H_1 \perp V_1$；而对体系（H_1、V），则可以继续变换 V 为 V_1，并且使得 $V_1 \perp H_1$，最后得到由两个新投影面组成的体系（H_1、V_1）。

图 4-4（a）所示，在原体系（H、V）中，经过第一次变换 H 为 H_1（$\perp V$），得体系（H_1、V）；第二次，在体系（H_1、V）中，变换 V 为 V_1（$\perp H_1$），得全新体系（H_1、V_1）。我们把第一次变换所得的体系叫做中间体系。经过这样两次变

换投影面,点的新投影的画法如图 4-4（b）所示:

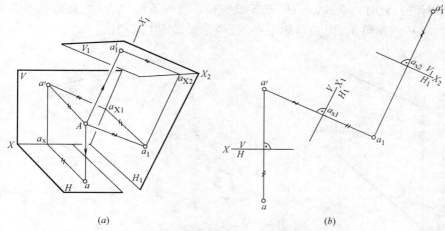

图 4-4 变换两次投影面时,点的新投影的作法

第一次,求出点在中间体系中的新投影 a_1,新轴是 O_1X_1;
第二次,求出点在全新体系中的新投影 a_1',新轴是 O_2X_2。
每次点的新投影的作法,都以前述两条结论为依据。

二、基本作图问题

应用变换投影面法解答各种问题,可归结为六个基本作图问题。

1. 第一个问题——把一般位置直线变换成平行线

给出一般位置直线 AB（图 4-5）,我们变换 V 为 V_1,并使 $V_1 // AB$。那么,直线 AB 在新体系（H、V_1）中就成为平行线。根据平行线的投影特性可知: AB 的新投影 $a_1'b_1'$ 必反映实长;$a_1'b_1'$ 与新轴 O_1X_1 的夹角必等于 AB 本身对 H 面的倾角 α。

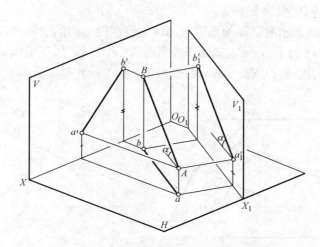

图 4-5 把一般位置直线变换成平行线的分析

为了在投影图上实现这一变换,如图 4-6 所示,首先应该引新轴 $O_1X_1 // ab$,然后作出两端点 A 和 B 的新投影,最后得 $a_1'b_1'$。

如果我们变换 H 为 H_1，并使 $H_1 /\!/ AB$，那么 AB 在新体系（H_1、V）中也成为平行线。此时，新投影 $a_1 b_1$ 必反映实长，它与新轴 $O_1 X_1$ 的夹角必等于 AB 对投影面 V 的倾角 β。图 4-7 表明这一变换在投影图上的画法。

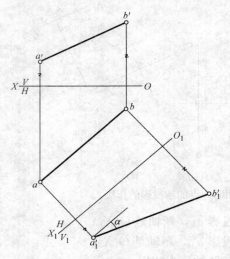

图 4-6 变换 V 面使 AB 为平行线　　　图 4-7 变换 H 面使 AB 为平行线

比较上述图 4-6 和图 4-7 可知：为求 AB 对 H 面的倾角 α，应该换 V 面为 V_1，并使新面 $V_1 /\!/ AB$；为求 AB 对 V 面的倾角 β，应该换 H 面为 H_1，并使新面 $H_1 /\!/ AB$。

2. 第二个问题——把平行线变换成垂直线

应该选择哪一个投影面进行变换，要看给出的直线的位置而定。譬如，给出的是正平线，要使它在新体系中成为垂直线，则应变换 H 面。但是，如果给出的是水平线，则应变换 V 面。

图 4-8（a）表示对已知的正平线 AB 实施这种变换的空间情况。我们可以看到，只有变换 H 为 H_1，才能做到新投影面既 $\perp AB$，又 $\perp V$。图 4-8（b）表示投影图上的作法：引新轴 $O_1 X_1 \perp a'b'$；作新投影，它必然积聚成为一个点 $a_1 (b_1)$。

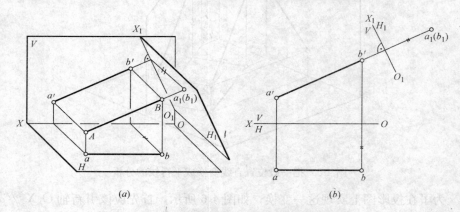

图 4-8 把正平线 AB 变换成垂直线

3. 第三个问题——把一般位置直线变换成垂直线

综合第一个和第二个问题,就得出把一般位置直线变换成垂直线的方法。图 4-9 给出了一般位置直线 AB,我们要使它在新体系中成为垂直线必须经过两次变换:第一次变换是在原体系(H、V)中变换 V 为 V_1,使 $V_1 // AB$。在投影图上即为引新轴 $O_1X_1 // ab$。此时,在 V_1 上作出的新投影 $a_1'b_1'$ 必然反映 AB 实长。第二次变换是在中间体系(H、V_1)中变换 H 为 H_1,使 $H_1 \perp AB$。在投影图上即为引新轴 $O_2X_2 \perp a_1'b_1'$。此时,在 H_1 上作出的新投影 $a_1(b_1)$ 必然积聚成一个点。

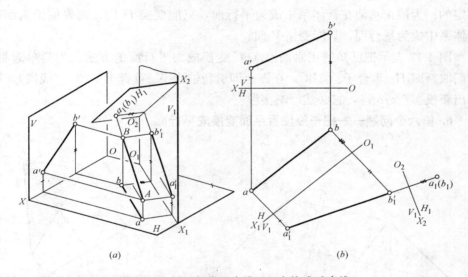

图 4-9 把一般位置直线 AB 变换成垂直线

4. 第四个问题——把一般位置平面变换成垂直面

如果在给出的 $\triangle ABC$ 上(图 4-10),任意作一条水平线 AD,再变换 V 为 V_1,使 $V_1 \perp AD$,那么此时 $\triangle ABC$ 在新体系(H、V_1)中就成为垂直面了($\perp V_1$)。要证明这一点是很容易的。因为,新面 V_1 既然已垂直于 $\triangle ABC$ 上的一条水平线 AD,也就必垂直于 $\triangle ABC$。要在投影图上实现这一变换,关键性的一步是引新轴 O_1X_1 垂直于这条预先画出的水平线 AD 的水平投影 ad。由此而作出的新投影 $\triangle a_1'b_1'c_1'$ 必积聚成一条直线,它与新轴 O_1X_1 的夹角必等于 $\triangle ABC$ 对 H 的倾角 α。

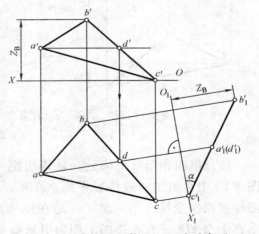

图 4-10 变换 V 面使 $\triangle ABC$ 为垂直面

同样地,如果在给出的 $\triangle ABC$ 上任意作一条正平线 AE,再变换 H 为 H_1,

使 $H_1 \perp AE$，即在投影图上（图 4-11）选新轴 $O_1X_1 \perp a'e'$，那么 $\triangle ABC$ 在新体系（H_1、V）中就成为垂直面（$\perp H_1$），所得新投影 $\triangle a_1b_1c_1$ 必积聚成一条直线，它与新轴 O_1X_1 的夹角必等于 $\triangle ABC$ 对 V 面的倾角 β。

由此可见，把一般位置平面变换成垂直面既可以换 H 面，又可以换 V 面。但是，如果指定求平面对 H 面的倾角 α，那就必须换 V 面，求平面对 V 面的倾角 β，则必须换 H 面。

5. 第五个问题——把垂直面变换成平行面

这一变换，同第二个问题一样，要变换那个投影面是随着给出的平面的位置而定的。为使正垂面在新体系中成为平行面，只能变换 H 面；而要使铅垂面在新体系中成为平行面，只能变换 V 面。

图 4-12 表示把已知的正垂面 $\triangle ABC$ 变换成为平行面的方法。为简单起见，我们取新面 H_1 重合于 $\triangle ABC$，在图上即引新轴 O_1X_1 重合于 $a'b'c'$（线段），再作出新投影 $\triangle a_1b_1c_1$，它必然反映实形。

6. 第六个问题——把一般位置平面变换成平行面

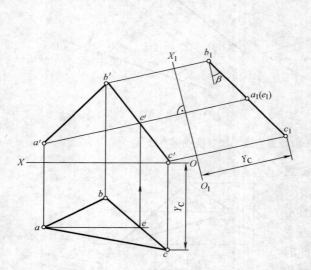

图 4-11 变换 H 面使 $\triangle ABC$ 为垂直面

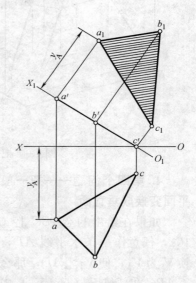

图 4-12 把正垂面 $\triangle ABC$ 变换成平行面，而求实形

综合第四和第五个问题，就得出把一般位置平面变换成平行面的作法。图 4-13 中给出了一般位置平面 $\triangle ABC$。我们要使它在新体系中成为平行面需经过两次变换。第一次变换是在原体系（H、V）中变换 V 为 V_1，使 V_1 垂直于 $\triangle ABC$；在投影图上即为引新轴 O_1X_1 垂直于 $\triangle ABC$ 上的一条水平线 AD 的水平投影 ad，并作出 $\triangle ABC$ 的新投影 $a'_1b'_1c'_1$（它是一条直线）。第二次变换是在中间体系（H、V_1）中变换 H 为 H_1，使 H_1 重合于 $\triangle ABC$；在投影图上即为引新轴 O_2X_2 重合于 $a'_1b'_1c'_1$，并作出新投影 $\triangle a_1b_1c_1$，它反映实形。

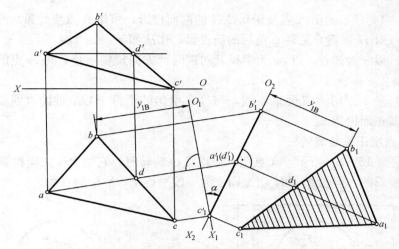

图 4-13 把一般位置平面 △ABC 变换成平行面，而求出实形

第三节　旋　转　法

一、基本原理

当用旋转法改变已知形体和投影面的相对位置时，投影面体系是不变的，而是把已知形体绕一固定的轴线旋转。作为旋转轴的直线，通常是选择垂直线或平行线。

1. 点绕铅垂线旋转

如图 4-14（a）所示，设空间 A 点绕一铅垂线 O 旋转，则它运动的轨迹是一个圆周，此圆周所在的平面 Q 垂直于旋转轴，因而是水平面。根据水平面的投影特性可知：A 点的轨迹圆周，投影在 H 面上是不变形的，但投影在 V 面上则成为一段平行于 OX 轴的直线。

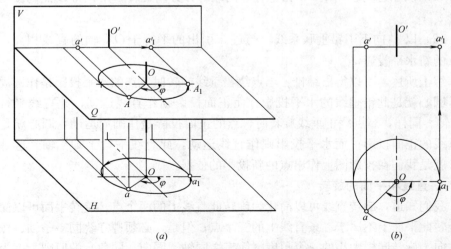

图 4-14　A 点绕铅垂线旋转时其新投影的作法

第四章　投影变换

图 4-14（b）给出 A 点及铅垂线 O 的两面投影，求作 A 点绕此铅垂线向逆时针方向（对 H 面看）旋转 φ 角后的新投影，作法如下：

（1）以 o 为圆心，以 oa 为半径，向逆时针方向旋转 φ 角，得 A 点的新水平投影 a_1；

（2）过 a_1 向上引铅垂联系线，与过 a' 引出的平行于 OX 轴的直线相交，得 A 点的新正面投影 a'_1。

2. 点绕正垂线旋转

如图 4-15（a）所示，A 点绕一正垂线 O 旋转时，它的轨迹圆周投影在 V 面上是不变形的；但投影在 H 面上则成为一段平行于 OX 轴的直线。

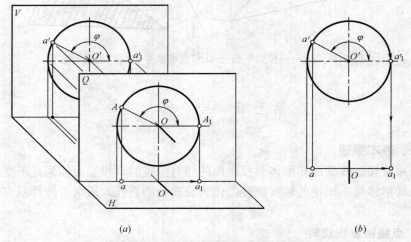

图 4-15　A 点绕正垂线旋转时其新投影的作法

图 4-15（b）给出 A 点及正垂线 O 的两面投影，求作 A 点绕此正垂线向顺时针方向（对 V 面看）旋转 φ 角后的新投影，作法如下：

（1）以 o' 为圆心，以 $o'a'$ 为半径，向顺时针方向旋转 φ 角，得 A 点的新正面投影 a'_1；

（2）以 a'_1 向下引铅垂联系线，与过 a 引出的平行于 OX 轴的直线相交，得 A 点的新水平投影 a_1。

综上所述，可以得出结论：当点绕铅垂线旋转时，点的水平投影是作圆周运动，圆心就是此铅垂线的水平投影；而正面投影则作直线运动，此直线平行于 OX 轴。同样，当点绕正垂线旋转时，点的正面投影是作圆周运动，圆心就是此正垂线的正面投影；而水平投影则作直线运动，此直线平行于 OX 轴。这一结论，就是我们在投影图上作出点的新投影的依据。

3. 直线和平面的旋转

我们知道，旋转直线可以简化为旋转此直线上的两个点，旋转平面可以简化为旋转此平面上不属于一条直线上的三个点；但是，必须遵守绕同一条轴、按同一方向、旋转同样大小的一个角度（简言之同轴、同向、同角）的原则，因为只有这样才能使旋转的这些点，不改变他们本身之间的相对位置。

第三节　旋转法

图 4-16 表明把直线 AB 绕铅垂线 O，以反时针方向（对 H 面看），旋转一个 φ 角的作法。在水平投影中，因为 $oa=oa_1$，$ob=ob_1$，$\angle aob=\angle a_1ob_1$，所以 $\triangle aob \cong \triangle a_1ob_1$。最后，$ab=a_1b_1$。事实上，直线 AB 在绕铅垂线 O 旋转时，只改变了对 V 面的倾角 β，而不改变对 H 面的倾角 α。所以必定有 $ab=a_1b_1$ 的结果。这就得出结论：当直线绕铅垂线旋转时，它的水平投影长度是不改变的；同样，当直线绕正垂线旋转时，它的正面投影长度是不改变的。

图 4-17 表明把 $\triangle ABC$ 绕正垂线 O，以顺时针方向（对 V 面看）旋转一个 φ 角的作法。在图中不难证出 $\triangle a'b'c' \cong \triangle a_1'b_1'c_1'$。这就是说：当平面绕正垂线旋转时，它的正面投影形状大小不变。同样，绕铅垂线旋转时，它的水平投影形状大小不变。

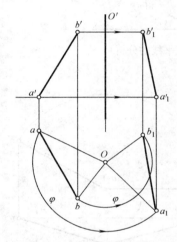

图 4-16　AB 绕铅垂线的旋转

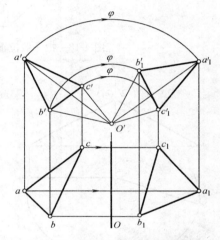

图 4-17　$\triangle ABC$ 绕正垂线的旋转

二、基本作图问题

用旋转法也可以解决在变换投影面法中所谈过的六个基本作图问题。

1. 第一个问题——把一般位置直线旋转成平行线

图 4-18 表明在空间把一般位置直线 AB 旋转成正平线的情形，旋转轴❶为铅垂线，且经过 B 点。把 AB 旋转到 $A_1B_1 /\!/ V$ 面时，新水平投影 $a_1b_1 /\!/ OX$ 轴，此时旋转角为 φ；新正面投影 $a_1'b_1'$ 必反映 AB 实长，$a_1'b_1'$ 与 OX 轴的夹角必等于 AB 对 H 面的倾角 α。

为了在投影图上实现这一旋转，如图 4-19 所示，以 b 为圆心，把 ab 旋转成 $a_1b_1 /\!/ OX$ 轴（b_1 重合于 b），从而作出新正面投影 $a_1'b_1'$（b_1' 重合于 b'）。

应该指出，直线在绕铅垂线旋转时，它对 H 面的倾角 α 始终是保持不变的，所以一般位置直线绕铅垂线旋转只能成为正平线。同样，一般位置直线绕正垂线旋转只能成为水平线，如图 4-20 所示：以 a' 为圆心，把 $a'b'$ 旋转成 $a_1'b_1' /\!/ OX$ 轴（a_1' 重合于 a'），从而作出 a_1b_1（a_1 重合于 a）。a_1b_1 反映实长，a_1b_1 与 OX 轴的夹角必等于 AB 对 V 面的倾角 β。

---

❶ 为减少投影图中的符号标注，旋转轴的符号以后不注出。

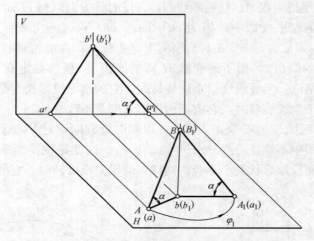

图 4-18 把一般位置直线旋转成正平线的分析

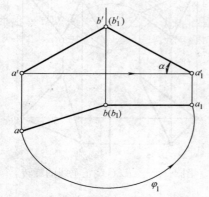

图 4-19 把 AB 旋转成为正平线

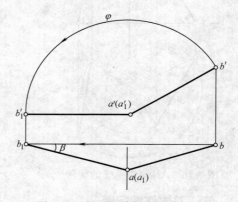

图 4-20 把 AB 旋转成为水平线

比较上述二例作图可知：为求 AB 对 H 面的倾角 α，应把 AB 以铅垂线为轴旋转成正平线；为求 AB 对 V 面的倾角 β，应把 AB 以正垂线为轴旋转成水平线。

2. 第二个问题——把平行线旋转成垂直线

对于这个问题，选择旋转轴时应根据给出的直线的位置而定。如给出的是正平线，要使它旋转成垂直线，应选择正垂线为轴，旋转后成为铅垂线。若给出的是水平线，则应选择铅垂线为轴，旋转后成为正垂线。

图 4-21 (a) 表明在空间把正平线 AB 旋转成铅垂线 A_1B_1（A_1 重合于 A）的情况。只有以正垂线为轴旋转，才能把它变成铅垂线。在投影图上这一旋转的作法如图 4-21 (b) 所示：以 a' 点为圆心，把 $a'b'$ 旋转成 $a'_1b'_1 \perp OX$ 轴（a'_1 重合于 a'），此时旋转角为 φ；再作出新的水平投影，它必然积聚成一点 a_1 (b_1)。

3. 第三个问题——把一般位置直线旋转成垂直线

综合第一和第二个问题，就得出把一般位置直线旋转成垂直线的作法。图 4-22 (a) 给出一般位置直线 AB，我们要使它变成垂直线，必须经过两次旋转。

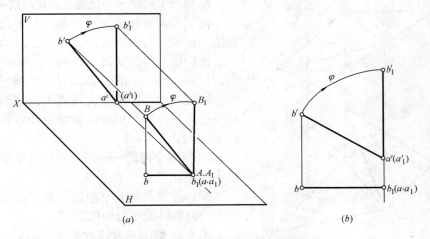

图 4-21 把正平线 AB 旋转成铅垂线

第一次旋转是取过 B 点的铅垂线为轴,把 AB 旋转成正平线;第二次旋转是取过 A_1 点的正垂线为轴,把 AB 旋转成铅垂线。这两次旋转所得新投影,在投影图上的作法如图 4-22（b）所示。

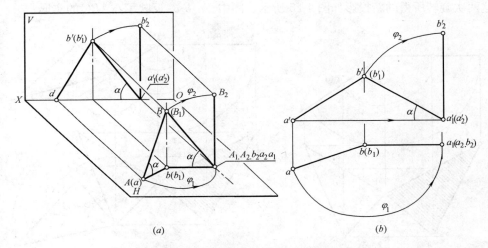

图 4-22 把一般位置直线 AB 旋转成为垂直线

4. 第四个问题——把一般位置平面旋转成垂直面

把一般位置平面旋转成为正垂面,可归结为把平面内的一条水平线旋转成为正垂线。这种作图已表明在图 4-23 中。作法:首先在已知的 $\triangle ABC$ 内作一条水平线 AD,得投影 ad 和 $a'd'$;再以 a 点为圆心（旋转轴为过 A 点的铅垂线）,把 ad 旋转到 $a_1d_1 \perp OX$ 轴,得旋转角 φ;再应用同轴、同向、同角的原则,把 b 和 c 也旋转到新位置 b_1 和 c_1,得 $\triangle a_1b_1c_1$;最后作出在 V 面上的新投影 $\triangle a'_1b'_1c'_1$,它必然积聚成一直线,它与 OX 轴的夹角必等于 $\triangle ABC$ 对 H 面的倾角 α。

同理,欲将一般位置平面旋转成为铅垂面,则可归结为把平面内的一条正平线旋转成铅垂线。

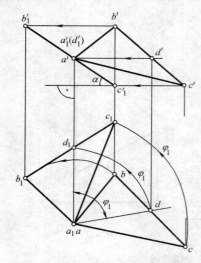

图 4-23 把一般位置平面 △ABC 旋转成为正垂面

5. 第五个问题——把垂直面旋转成平行面

把正垂面旋转成为水平面，只要把此平面绕一正垂线为轴旋转，直到平行 H 面。

投影图的作法如图 4-24 所示：图中所得的新投影 $\triangle a_2 b_2 c_2$ 反映了 $\triangle ABC$ 的实形。

同理，欲将铅垂面旋转成为正平面，则只要把此平面绕一铅垂线为轴旋转，直到平行于 V 面。

6. 第六个问题——把一般位置平面旋转成平行面

综合第四和第五个问题，就得出把一般位置平面旋转成平行面的方法。

图 4-25 给出一般位置平面 $\triangle ABC$，我们要把它变成水平面，必须经过两次旋转。第一次旋转是把 $\triangle ABC$ 以一铅垂线为轴旋转成正垂面 $\triangle A_1 B_1 C_1$，此时旋转角为 φ_1；第二次旋转是把 $\triangle A_1 B_1 C_1$ 以一正垂线为轴旋转成水平面 $\triangle A_2 B_2 C_2$，此时旋转角为 φ_2。这两次旋转所得的新投影如图 4-25 所示。图中 $\triangle a_2 b_2 c_2$ 反映了 $\triangle ABC$ 的实形。

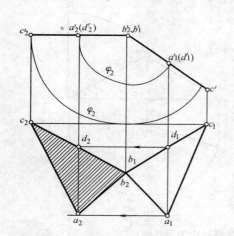

图 4-24 把正垂面 △ABC 旋转成为水平面而求实形

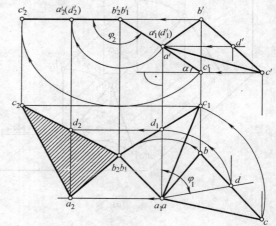

图 4-25 把一般位置平面 △ABC 旋转成为水平面而求实形

第四节 以平行线为轴的旋转法

在前面两节里，可以看到：确定一般位置平面形的实形，无论用变换投影面法，或者用垂直线为轴的旋转法，都要经过两次变换。事实上，如果采用平面内的一条水平线或正平线为轴来旋转此平面，那么一次变换就能求出。

设有一般位置的 $\triangle ABC$ 如图 4-26（a）所示，其中 BC 边为水平线。我们把 $\triangle ABC$ 以水平线 BC 为轴旋转到水平的位置，得 $\triangle A_1 BC$（图中表示重合于 H

面的位置)。可以看到：在投影图上（图 4-26b），$\triangle A_1BC$ 的新水平投影 $\triangle a_1bc$ 一定反映实形。问题是如何作出这个新水平投影。

顶点 B 和 C 是旋转轴上的点，它们的水平投影 b 和 c，在旋转前后，原地不动。所以只要作出 A 点的新水平投影 a_1，问题也就解决了。

当 $\triangle ABC$ 绕水平线 BC 旋转时，顶点 A 的轨迹为圆周，此圆周所在的平面 $Q \perp BC$，圆心 O 就是 BC 与平面 Q 的交点，半径就是线段 OA。因为 $BC // H$，所以 $Q \perp H$。这就说明：A 点在空间绕 BC 作圆周运动时，它的水平投影 a 就作直线运动，且此直线垂直于 bc，其次，当 $\triangle ABC$ 旋转到水平位置时，A 点的旋转半径 OA，也处在水平位置，因此它的新水平投影就反映实长。

由此得出结论：

(1) 平面绕水平轴旋转时，平面内点的水平投影对轴的水平投影是作垂线运动；

(2) 平面旋转到水平位置时，平面内点的旋转半径的水平投影必反映实长。

根据这两条结论，我们可以在投影图（4-26b）上实现这种旋转。作法如下：

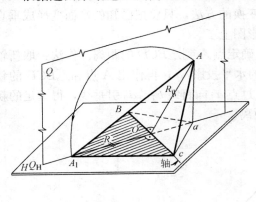
(a)

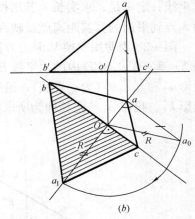
(b)

图 4-26 绕水平线为轴旋转的作图分析

(1) 经过 A 点的水平投影 a 向水平线 BC 的水平投影 bc 引垂线，得旋转半径 OA 的投影 oa 和 $o'a'$；

(2) 用直角三角形法，求得此旋转半径 OA 的实长 oa_0；

(3) 在所引垂线 oa 上，截取 $oa_1 = oa_0$，得 A 点的新水平投影 a_1；

(4) 最后，连接 a_1、b 和 c 三点，得 $\triangle ABC$ 的实形 $\triangle a_1bc$。

上述例题中，平面的一条边为水平线。如果不是这样，那么我们可以在平面内作一条水平线，这样的例题表明在图 4-27 中。

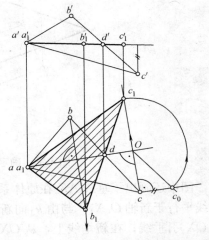

图 4-27 绕水平轴旋转求 $\triangle ABC$ 的实形

作法：

(1) 过所给△ABC的顶点A作水平线AD，得投影$a'd'$和ad；

(2) 由顶点C和B的水平投影c和b分别向ad引垂线；

(3) 用直角三角形求出C点（或B点）的旋转半径的实长；

(4) 用所求实长oc_0作出C点的新水平投影c_1；

(5) 作直线c_1d并延长与由b向ad引出的垂线相交，得B点的新水平投影b_1；

(6) 最后，得实形△ab_1c_1。

第五节　度量问题和定位问题举例

一、度量问题
1. 确定距离

(1) 点到平面的距离。在第三章第七节中已经提到此问题的解法应分三步：作垂线；定垂足；求实长。若用投影变换的方法，只要把已知的平面变换成垂直面，点到平面的真实距离就反映在投影图上了。

图 4-28 表明用变换V面的方法，确定点A到△BCD的距离。作法：取新轴O_1X_1垂直于△BCD内的水平线BD的水平投影bd；再作出A点和△BCD的新投影a_1'和$b_1'c_1'd_1'$（为一直线）；最后，过点a_1'向直线$b_1'c_1'd_1'$引垂线，得垂足的新投影k_1'。投影$a_1'k_1'$之长即为所求的距离。

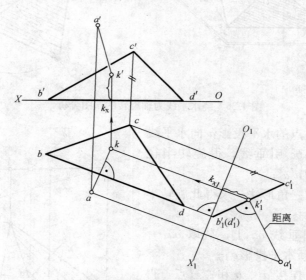

图 4-28　确定点A到△BCD的距离

图中还画出了垂线AK在原体系H和V中的投影ak和$a'k'$。作法：过a作直线平行于新轴O_1X_1，与由k_1'向新轴O_1X_1引出的垂线相交得k；再由k向原轴OX引垂线；在新垂线上，从OX起截取$k'k_x = k_1'k_{x1}$；最后得$a'k'$。这种作图就称"反回作图"。

学会了确定点到平面的距离的方法以后，我们就可以去求解互相平行的直线和平面，或者互相平行的两平面之间的距离；因为确定这些距离，归根到底都是确定点到平面的距离。

（2）点到直线的距离。读者可以先回顾一下第三章第七节中对此问题的解法，那是比较复杂的。如果给出的直线如图4-29（a）中BC那样，为一条铅垂线（或者正垂线）；那么问题就简单得多：因为表示两者距离的那条垂线AD（$\perp BC$）是水平线了，所以它的水平投影ad反映实长。

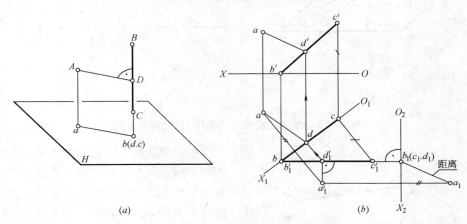

图4-29 确定点A到直线BC的距离

这样，就导出了用变换投影面法解决这种问题的原则：把给出的一般位置直线变换成为垂直线。具体作法如图4-29（b）所示。a_1d_1为A点到CB直线的真实距离，图中并用箭头进行"反回作图"，求出了AD的原投影ad和$a'd'$。

用同样的作法还可以确定两平行直线之间的距离。

（3）两交错直线之间的距离。由立体几何可知，两交错直线之间的距离，应该用它们的公垂线来度量。这条垂线，如图4-30（a）中的EF，当已知的两交错直线AB和CD中有一条（如AB）为铅垂线时，它就成为水平线，因此，EF的水平投影ef（$\perp cd$）就反映实长。这就是图4-30（b）所示解法的根据。因为图中AB已经是正平线了（$ab // OX$），所以我们只要一次换面，即换H为$H_1 \perp AB$，就使AB成为垂直线。图中运用"反回作图"的方法作出了公垂线EF的原投影。此时需要注意的是，由于AB为正平线，所以公垂线EF的正面投影$e'f'$必垂直于$a'b'$，e_1f_1则为两条交错直线之间的真实距离。

2. 确定角度

（1）两相交直线之间的角度。如果使两相交直线AB和AC（图4-31）所确定的平面，平行于V面，那么平面角BAC在V面上的投影就不会变形。为达到这个目的，我们在已知的平面内作一条正平线MN为旋转轴，再把平面角BAC旋转，直到平行于V面的位置。

作法：过a'向$m'n'$引垂线$a'o'$；再用直角三角形法求出A点旋转半径的实长$o'a'_0$；在$a'o'$上截取$a'_1o'=o'a'_0$，得A点的新正面投影a'_1；最后，得$\angle n'a'_1m'$为平面角BAC的真实大小。

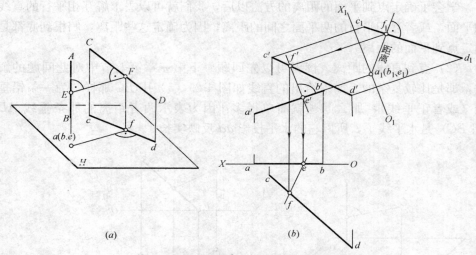

图 4-30 确定两交错直线 AB 和 CD 之间的距离

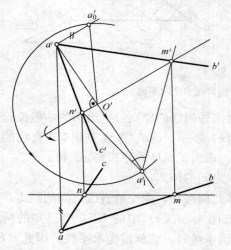

图 4-31 确定平面角 BAC 的真实大小

(2) 直线和平面之间的夹角。直线 AB 和平面 P 之间的夹角 α 就是直线和它在平面上的正投影之间的夹角。为作出这个夹角 α，一般须先确定直线 AB 与平面 P 的交点 E，并由点 A 向平面 P 引垂线 AC，求垂足 F（图 4-32），这是很麻烦的。现在我们的目的仅仅是确定这个夹角 α 的真实大小，所以，可先去确定 α 的余角 φ，用 $90°-φ$ 即得 α。这就是图 4-33 的解法。首先，过 A 点作 △LMN 的垂线 AC，得平面角 BAC；再用图 4-31 的方法，求出平面角 BAC 的大小 φ；最后，取 $α=90°-φ$（后两步留给读者自己完成）。

(3) 两平面之间的夹角。图 4-34 导出了解此题的原则，即把两平面的交线变换成为垂直线，此时两平面的新投影就积聚成两条相交的直线，这两条直线的夹角就反映了两平面之间夹角的真实大小。

图 4-35 表明用变换两次投影面法，确定一个正方形口子的漏斗的两相邻侧面夹角 α 的真实大小。第一次变换 H 为 $H_1 /\!/ AB$；第二次变换 V 为 $V_1 \perp AB$。具体作法请读者自己分析。

二、定位问题

1. 求作直线和平面的交点

对于这类问题，只要把所给平面变换成垂直面就可解决。图 4-36 是一个例题——求作直线 AB 和平行四边形 ⅠⅡⅢⅣ 的交点 K。因为所给平行四边形的 ⅠⅡ（或 ⅢⅣ）边是水平线，所以应作新轴 $O_1X_1 \perp 12$（或 34），得新投影 $1'_1 2'_1 3'_1$

第五节 度量问题和定位问题举例

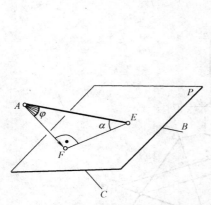

图 4-32 直线和平面之间夹角的度量

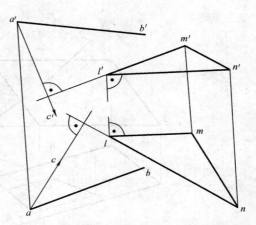

图 4-33 确定直线 AB 和 $\triangle LMN$ 之间的夹角

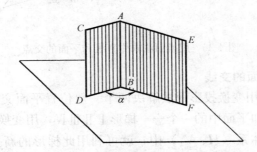

图 4-34 两平面夹角的度量

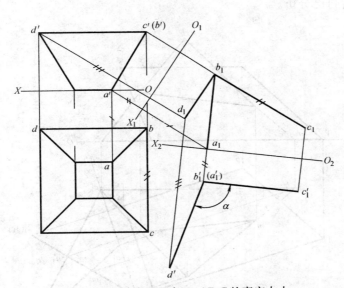

图 4-35 确定两面角 $D\text{-}AB\text{-}C$ 的真实大小

$4_1'$，它是一条直线，有积聚性。由此再作出 AB 的新投影 $a_1'b_1'$。这样，$a_1'b_1'$ 和平行四边形的新投影（为一线段）的交点，就是所求交点 K 的新投影 k_1'。有了 k_1' 就不难用"反回作图"作出原投影 k 和 k'。

第四章 投影变换

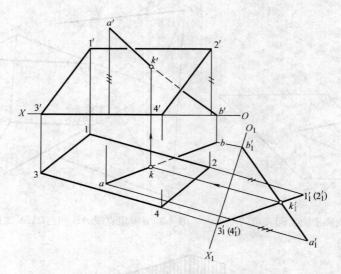

图 4-36 用换面法求作直线和平面的交点

2. 求作两个平面的交线

图 4-37 表明，用变换投影面法解决两个一般位置平面交线的作图问题。如果我们先把两个已知平面中的一个——梯形 Ⅰ Ⅱ Ⅲ Ⅳ，用变换 V 为 V_1 垂直于此梯形，那么，在新体系（H、V_1）中，就可利用此梯形的新投影的积聚性来定出交线的新投影，再用"反回作图"求出交线在原体系（H、V）中的投影。具体作法请读者自己分析。

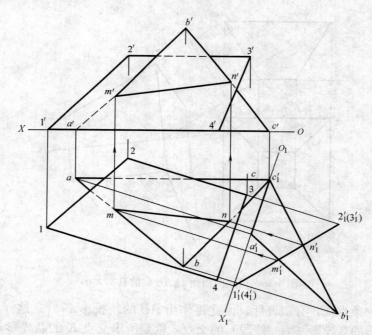

图 4-37 用换面法求作两平面的交线

复习思考题

1. 变换某一投影面时，点的新投影和原投影有何关系？
2. 怎样用变换投影面法，使一般位置的直线成为垂直线？
3. 怎样用变换投影面法，求一般位置平面形的实形？
4. 当点绕某一垂直线旋转时，点的各投影如何运动？
5. 怎样用旋转法，使一般位置的直线成为垂直线？
6. 怎样用旋转法，求一般位置平面形的实形？
7. 试述用水平轴旋转法，求平面形实形的作图根据及步骤。
8. 怎样用换面法确定点到平面的距离？
9. 怎样用换面法确定点到直线的距离？
10. 怎样用换面法确定两交错直线之间的最短距离？
11. 举例说明用水平轴旋转法求直线和平面之间的夹角。
12. 举例说明用换面法求两平面之间的夹角。
13. 举例说明用换面法确定直线和平面的交点以及两平面的交线。

第五章 平面立体

前面我们讨论了几何元素（点、直线和平面）的投影规律以及基本定位问题和度量问题的解法，这是本课程的基础。本章将用所学的知识去研究有关平面立体的投影问题。

第一节 平面立体的投影

由平面多边形包围而成的立体叫做平面立体。基本的平面立体是棱柱和棱锥。由于点、直线和平面是构成平面立体表面的几何元素，因此绘制平面立体的投影，归根结底是绘制点、直线和平面的投影。

一、棱柱

图 5-1（a）给出一个直立的三棱柱。它是由上、下两个底面和三个棱面（长方形）组成的。图 5-1（b）是它的两面投影图。因为上、下两底面是水平面，各棱面是铅垂面，所以它的水平投影是一个三角形。这个三角形反映了上、下两底面的实形，三角形的三条边即为三个棱面的投影。三棱柱的后棱面是正平面，它的正面投影反映实形，成为棱柱的外形轮廓线。此外形轮廓线的上、下两边即为上、下两底的投影；左、右两边是左、右两条棱线的投影。中间的一条竖线是前面一条棱线的投影，它把正面投影分成左、右两个线框，这两个线框就是三棱柱的左、右两个棱面的投影（不反映实形）。

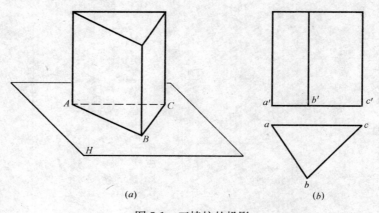

图 5-1 三棱柱的投影

如图 5-2（a）所示，在三棱柱的后棱面上给出了 M 点的正面投影 m'（因为正视时，M 点看不见，所以规定它的正面投影 m' 用小黑点表示），又在上底面上给出了 N 点的水平投影 n（因为俯视时，N 点看得见，所以规定它的水平投影 n

用小圆圈表示）。为了作出 M 点的水平投影 m 点、N 点的正面投影 n'，可以利用棱面和底面投影的积聚性直接作出（如图 5-2b 箭头所示）。

二、棱锥

图 5-3（a）给出了一个三棱锥 S-ABC。它由一个底面和三个棱面（均为三角形）组成。图 5-3（b）是它的两面投影图。因为底面是水平面，所以它的水平投影是一个三角形（反映实形），正面投影是一条水平直线（有积聚性）。连锥顶 S 和底面 $\triangle ABC$ 各顶点的同面投影，即为三棱锥的两面投影。其中，水平投影为三个三角形线框，它们分别表示三个棱面的投影。正面投影的外形轮廓线 $s'a'b'$ 是三棱锥前面棱面 SAB 的投影，是看得见的。其他两棱面的正面投影是看不见的，所以它们的交线（即 SC 棱线）的正面投影 $s'c'$ 也是看不见的，因此画成虚线。

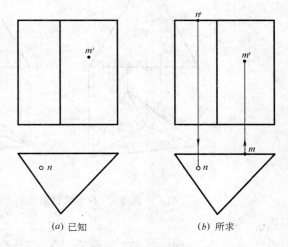

(a) 已知　　(b) 所求

图 5-2　在三棱柱的表面上定点

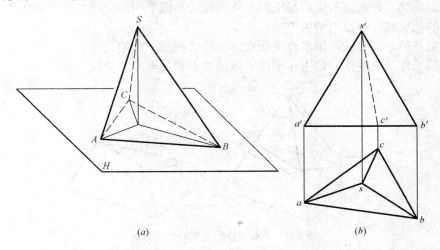

图 5-3　三棱锥的投影

如图 5-4（a）所示，在三棱锥的 SAB 棱面上给出了 M 点的正面投影 m'，又在 SBC 棱面上给出了 N 点的水平投影 n。为了作出 M 点的水平投影 m 和 N 点的正面投影 n'，可运用第三章中讲过的在平面上定点的方法，即首先在平面上画一条辅助线，然后在此辅助线上定点。图 5-4（b）说明了这两个投影的画法，图中过 M 点作了一条平行于底边的辅助线，而过 N 点作了一条通过锥顶的辅助线。所求的投影 m 是看得见的，用小圆圈画出；而投影 n' 是看不见的，用小黑点画出。

第五章 平面立体

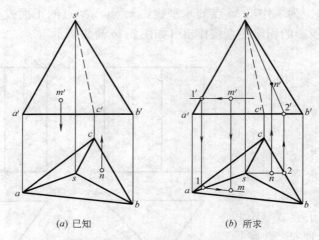

(a) 已知　　　　　(b) 所求

图 5-4　在三棱锥的表面上定点

第二节　平面和平面立体相交

平面和平面立体相交，犹如平面去截割平面立体，此平面叫做截平面；所得的交线叫做截交线，由截交线围成的平面图形叫做截断面。从图 5-5 可以看出：平面立体的截交线是一个平面多边形，此多边形的各顶点就是平面立体的棱线和截平面的交点，而每条边就是平面立体的棱面和截平面的交线。因此，求作平面立体的截交线，可以用两种方法：

第一种是交点法，即求作平面立体的棱线和截平面的交点；
第二种是交线法，即求作平面立体的棱面和截平面的交线。

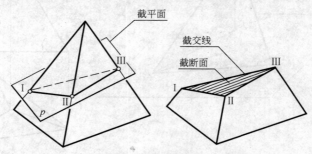

图 5-5　平面立体截交线的作图分析

在实际作图时，经常采用的是交点法。当用交点法求出了截交线的各个顶点以后，如何连接？这里有一条原则：即位在平面立体同一个棱面上的两点才能连接。连点的时候，还要注意可见性：把可见棱面上的两点用实线连接；不可见棱面上的两点用虚线连接。

【例题 5-1】　求作正垂面 P 截割三棱锥 S-ABC 所得的截交线（图 5-6）。

因为 P_V 有积聚性，所以 P_V 与 $s'a'$、$s'b'$ 和 $s'c'$ 的交点 $1'$、$2'$ 和 $3'$ 即为空间交点 Ⅰ、Ⅱ 和 Ⅲ 的正面投影。向下引铅垂联系线，在 sa、sb 和 sc 上得到这些交点的水平投影 1、2 和 3。△123 即为所求截断面 △ⅠⅡⅢ 的水平投影。至于它的正面投影，积聚在 P_V 上，成为一条直线。

【例题 5-2】 求作铅垂面 Q 截割三棱锥 S-ABC 所得的截交线（图 5-7）。

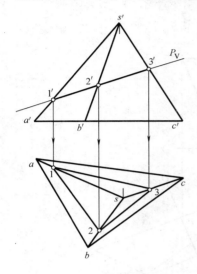

图 5-6　求作正垂面 P 与三棱锥 S-ABC 的截交线

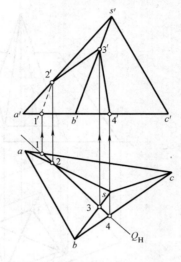

图 5-7　求作铅垂面 Q 与三棱锥 S-ABC 的截交线

从 Q_H 与棱锥水平投影的相互位置，可以看出：所求截交线为平面四边形 ⅠⅡⅢⅣ，它的各顶点的水平投影 1、2、3 和 4 即 Q_H 与 ac、sa、sb、bc 的交点。向上引铅垂联系线，就得此四边形的正面投影 $1'2'3'4'$。$1'2'$ 为不可见，故用虚线表出。

【例题 5-3】 求作一般位置平面 P（用四边形表出）截割三棱柱 ABC 所得的截交线（图 5-8）。

此题虽然截平面无积聚性，但棱柱的水平投影△abc 却有积聚性。这就是说：棱线 A、B 和 C 与 P 面的交点Ⅰ、Ⅱ和Ⅲ的水平投影 1、2 和 3 是已知的。由此，在 P 面内过Ⅰ、Ⅱ和Ⅲ点作辅助线就可求得正面投影 $1'$、$2'$ 和 $3'$。最后得 △$1'2'3'$。其中 $1'3'$ 为不可见，故画成虚线。

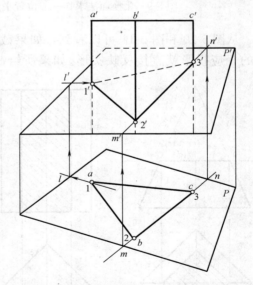

图 5-8　求作一般位置平面 P 与三棱锥的截交线

上面三个例题，所求截交线的两个投影总有一个是已知的。如果截平面是一般位置，而立体的侧面也是一般位置，那么所求截交线的两个投影都是未知的。这样的例题表明在图 5-9 中。为了避免多次地过已知正四棱锥的棱线作辅助平面，我们用变换正面 V 为 V_1 的方法，使给出的截平面 P 在新体系（H、V_1）中为垂直面，然后去求出截交线各顶点的新投影，再运用"反回作图"去求出截交线各顶点的原投影。

下面以正四棱锥及正四棱柱为例来分析平面立体截面实形的作法。

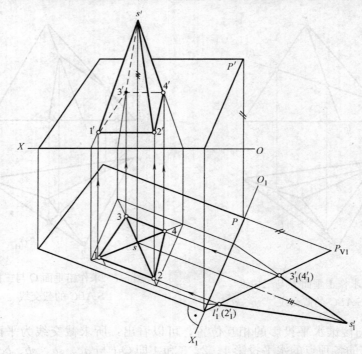

图 5-9　用换面法求作一般位置平面 P 与正四棱锥的截交线

从图 5-10 和图 5-11 可以看到：如果截断面本身是水平面或正平面，那么它的相应投影就直接反映实形。如果所给截断面为斜断面，如图 5-12 和图 5-13

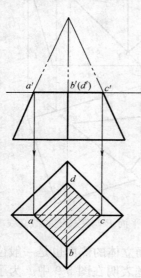 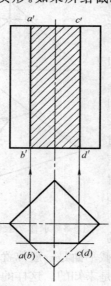 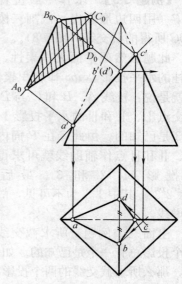

图 5-10　正四棱锥的水平断面　　图 5-11　正四棱柱的正平断面　　图 5-12　用换面法求作正四棱锥斜断面（⊥V）的实形

所示，那么就需要用换面法求出它的实形。图中先用箭头指明所给斜断面（$\perp V$）投影的画法。再变换 V 为 V_1 平行于斜断面，为此，我们在图形之外的适当地方，作一条点划线表示新投影轴去平行于所给斜断面的正面投影，就可方便地作出此斜断面的实形。这个实形的长度尺寸直接在正面投影上量取，而宽度尺寸可以在水平投影上量取。为了明显起见，我们在所求的断面实形上画出了与对称线成 $45°$ 倾角的平行细线。

绘制带切口的多面体的投影图，在工程制图中经常出现。实质上这种作图归结为求作平面截割立体的投影图。图 5-14 所示为一个例题：从已知的正面投影上，可以作出正三棱锥被两个正垂面截出一个切口，为补全其水平投影，只需把切口的正面投影上所标出的各点投向水平投影，就可方便画出。最后用"二求三"的方法，即可画出侧面投影。

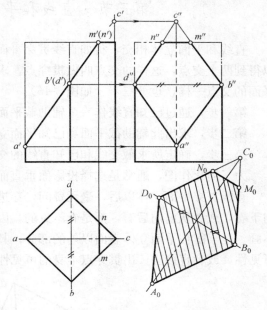

图 5-13 用换面法求作正四棱柱斜断面（$\perp V$）的实形

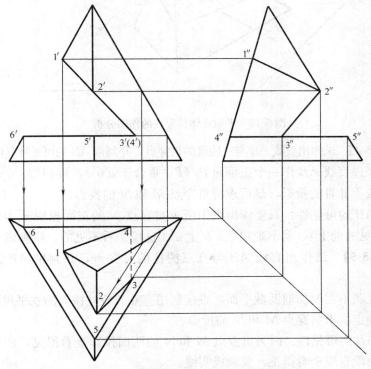

图 5-14 绘制带切口的三棱锥的投影图

第三节 直线和平面立体相交

直线和平面立体相交，犹如直线贯穿平面立体，因此在平面立体表面上，可以得到两个交点，这样的交点叫做贯穿点。求平面立体的贯穿点，如同求直线和平面的交点一样，也分三步（如图 5-15）：

第一步，通过已知直线作一个辅助截平面；

第二步，求出此辅助截平面和已知平面立体的截交线；

第三步，确定所求截交线和已知直线的交点。

为了简化作图，通常是选择投影面垂直面为辅助截平面。

直线贯穿平面立体以后，毫无疑问，穿进平面立体内部的那一段，无论从上向下看，或者从前向后看，都是看不见的，因此其投影要画成虚线；有时也干脆不画。至于露在平面立体表面以外的部分，其可见性的判别就要借助于重影点的可见性，或者直接去读出贯穿点本身的可见性。

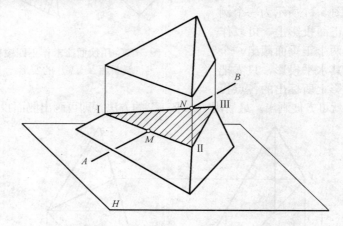

图 5-15 平面立体贯穿点的作图分析

【例题 5-4】 试作出直线 AB 与三棱锥的贯穿点，并判别 AB 的可见性（图 5-16）。

首先经过直线 AB 作一个正垂面 P（P_V 重合于 $a'b'$），再利用 P_V 的积聚性求出截交线ⅠⅡⅢ的投影，最后求得贯穿点 M 和 N 的投影。

判别 AB 的可见性：只要读出图中所求贯穿点 N 的正面投影 n' 为看不见的（位于看不见的面上），就不难知道 $a'b'$ 上 $n'3'$ 这段是看不见的，应画成虚线。

【例题 5-5】 试作出直线 AB 与直三棱柱的贯穿点，并判别 AB 的可见性（图 5-17）。

解答此题不需要加辅助截平面，直接利用直立三棱柱棱面的水平投影的积聚性，就能确定所求贯穿点 M 和 N 的投影。

判别 AB 的可见性：因为贯穿点 M 和 N 的两面投影全看得见，所以露在立体之外的两段直线全看得见，要画成实线。

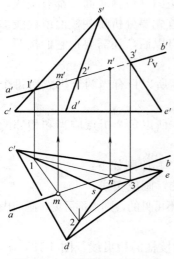

图 5-16　求作直线 AB 与三棱锥的贯穿点

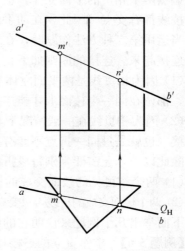

图 5-17　求作直线 AB 与直三棱柱的贯穿点

第四节　两平面立体相交

两平面立体相交,又叫相贯,在它们表面上所得的交线,叫做相贯线。在一般情况下,两平面立体的相贯线是封闭的空间折线。由图 5-18 可以看出:两平面立体相贯线的每一段折线,必定是两平面立体某两棱面之间的交线,而每一折点必定是一平面立体的某棱线与另一平面立体某棱面的交点。因此,求作两平面立体的相贯线可以用两种方法:

第一种是交线法,即求作两平面立体棱面的交线;

第二种是交点法,即求作一平面立体的棱线对另一平面立体棱面的交点。

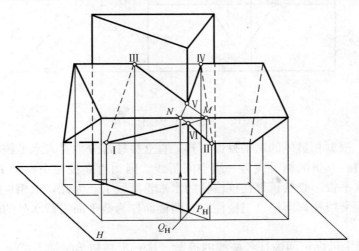

图 5-18　平面立体相贯线的作图分析

显然两个相贯的平面立体,不一定是所有棱面(包括底面)都有交线,或者所有棱线都有交点。因此,在动手作题以前,首先要分析哪些棱面或棱线参与相交。当运用第二种方法作题时,在求出一些折点以后,还需要把它们按照一定的顺序连接起来。连接的原则如下:

(1) 因为相贯线是两平面立体表面的交线,所以只有当两个折点对每个立体来说,都位在同一个棱面上才能连接;

(2) 因为相贯线在一般情况下具有封闭性,所以每个折点应当和相邻的两折点连接(也就是过同一折点不能有三条折线)。

除此以外,还需要判别每段折线的可见性,其原则如下:

(1) 两个都可见的棱面交成的折线是可见的,画成实线;

(2) 两个棱面交成的折线,只要有一个棱面是不可见的,则为不可见,画成虚线。

下面举出几个例题来说明它的应用。

【例题 5-6】 求作直立的三棱柱和水平的三棱柱的相贯线(图 5-19)。

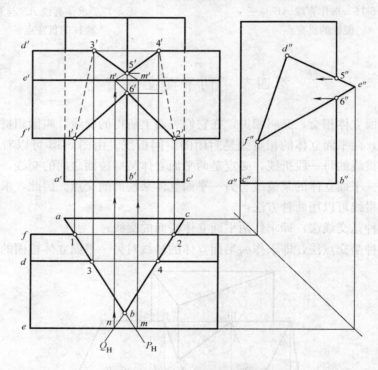

图 5-19 求作两个三棱柱的相贯线

分析:根据相贯体的水平投影可知,直立棱柱部分地贯入水平棱柱,这种情况叫做互贯。互贯的相贯线为一组空间折线。因为直立棱柱垂直于 H 面,所以相贯线的水平投影必然积聚在该棱柱的水平轮廓线上。为此,求相贯线的正面投影最好是用交线法,即把直三棱柱左右两棱面作为截平面去截水平的三棱柱。

作法:

(1) 用字母标记两棱柱各棱线的投影(这一步在初学时是不可缺少的);

(2) 用 P 平面表示扩大后的 AB 棱面,求出它与水平棱柱的截交线 $\triangle M\text{I}\text{Ⅲ}$

（由水平投影△m13 求出正面投影△m'1'3'）；

(3) 用 Q 平面表示扩大后的 BC 棱面，求出它与水平棱柱的截交线△N Ⅱ Ⅳ（由水平投影△n24 求出正面投影△n'2'4'）；

(4) 截交线△M Ⅰ Ⅲ 和△N Ⅱ Ⅳ 必相交于 B 棱上的 Ⅴ、Ⅵ 两点；

(5) 折线 Ⅰ-Ⅲ-Ⅴ-Ⅳ-Ⅱ-Ⅵ-Ⅰ 即为所求。它的水平投影积聚在直立棱柱的水平投影上，正面投影 1'3' 和 2'4' 因位在水平三棱柱的不可见棱面上，所以画成虚线。

由于此题已给出两个相贯体的侧面投影，所以这些折点，也可以直接利用两个三棱柱在侧面投影和水平投影上的积聚性而求出。

【例题 5-7】 求作垂直于正面的长方体和正三棱锥的相贯线（图 5-20）。

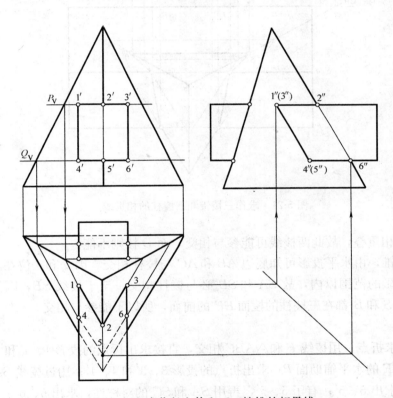

图 5-20 求作长方体和正三棱锥的相贯线

分析：根据相贯体的正面投影可知，长方体整个地贯入三棱锥，这种情况叫全贯。全贯一般可得两组相贯线。因为长方体的正面投影有积聚性，所以相贯线的正面投影是已知的，积聚在这长方体的正面轮廓线上。剩下的问题仅仅是根据相贯线的正面投影补出相贯线的水平投影和侧面投影。

作法：先用两个水平面 P 和 Q，求出全部折点，再连接之。

【例题 5-8】 求作三棱锥和三棱柱的相贯线（图 5-21）。

分析：此题宜用交点法解之。试分析棱线参与相交的情况：

对棱柱，因两平面立体共底，棱柱的棱线 E 和 F 的两面投影与三棱锥的两

第五章 平面立体

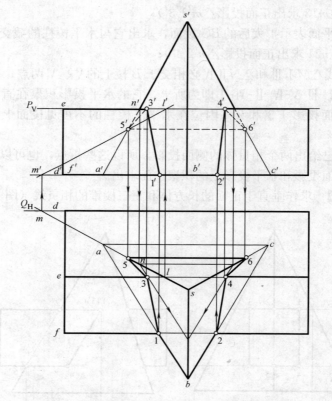

图 5-21 求作三棱锥和三棱柱的相贯线

面投影互相重叠，故此两棱线可能参与相交，而 D 棱则不能。

对棱锥，由水平投影可知底边 AB 和 AC 与棱柱相交。因 a 和 c 位在三棱柱的水平投影的范围以内，故 SA 和 SB 必与棱柱相交。至于棱线 SB，因为它的两个端点 S 和 B 都在三棱柱的棱面 EF 的前面，所以不能参与相交。

作法：

(1) 求折点。用棱线 F 和 △ABC 相交，直接求出折点的投影 1、1′ 和 2、2′；用过棱线 E 的水平辅助面 P_V 求出折点的投影 3、3′ 和 4、4′；用过棱线 SA 的铅垂面 Q_H 求出 5、5′；有了 5、5′，再用 SA 和 SC 的对称性，求出 6、6′。

(2) 连折点。这是较难的一步，需要运用前述的连点原则，在一个投影上两点两点地分析。试看水平投影 1 究竟应该和哪一点连？首先它和 2 点是不能连的，因为 1、2 同在一条棱线 f 上，不能作为交线看待。那么它和 3 点是否可连？这要读一下，1、3 是否都位在两个立体的同一棱面上：对棱柱，它们在一个棱面 fe 上；对棱锥，它们在一个棱面 sab 上。因此符合上述原则，可以连接。用同样的方法分析其他点，最后得连接顺序 1-3-5-6-4-2-(不封闭的)。确定了各折点的水平投影的连接顺序后，正面投影的连接顺序也就可以确定了。

为正面投影而言，因为 3′5′-5′6′-6′4′ 位在三棱柱的不可见的棱面上，所以要画成虚线。其他连线均位在可见棱面上，画成实线。

第四节 两平面立体相交

两平面立体相贯，在建筑绘图中的实例，常见于求作屋面上的附设物（如塔楼、烟囱、天窗等）与屋面本身的交线。图 5-22 是一个例子，求作四棱台塔楼与屋面的交线。具体作法归结为求棱台上的四条棱线与屋面的交点，以及求屋面上的三条棱线与棱台表面的交点。在题设条件下，只要用两个铅垂面为辅助平面，如图中的 P_H 和 Q_H，这些交点就可全部求出。

图 5-23 为一个绘制带穿孔体的投影图。图中所示正四棱柱被一个垂直于 V 面的三棱柱穿孔，要补全水平投影，并求作侧面投影。应从分析两棱柱的相贯入手。可以看出，正棱柱在前后有两个相同的四边形空间折线。所以只要把各个折点定出，就不难完成其作图。在连线时，由于穿孔内部产生了棱线，为不可见，要画成虚线。

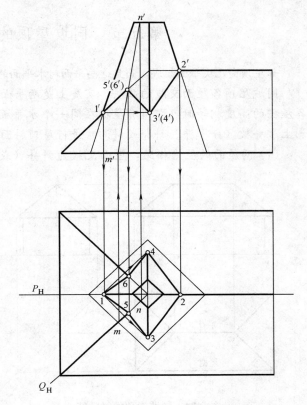

图 5-22 求作正四棱台与屋面的相贯线

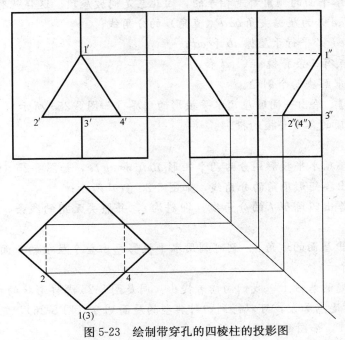

图 5-23 绘制带穿孔的四棱柱的投影图

第五章 平面立体

第五节 同坡屋顶的投影

如屋顶由几块平面组成，而且这些平面对水平面的倾角都相等，就叫做同坡屋顶。

同坡屋顶各屋面交线的画法，实质上是两平面交线的作图问题。当同坡屋顶各屋檐的高度相等时（即所有屋檐在同一个水平面上），应用以下规则在水平投影上求脊棱（分平脊、斜脊或斜沟）进行屋顶斜面的"划分"是很方便的：

(1) 两屋面的屋檐相交，屋面交线为斜脊（或斜沟），它的水平投影必为这两屋檐夹角的分角线；

(2) 两屋面的屋檐平行，屋面交线为平脊（即屋脊），它的水平投影必为与两屋檐等距离的平行线；

(3) 在屋顶上，假如两条脊棱已相交于一点，则过该点必然并且至少还有第三条脊线。

图 5-24 就是这三条规则的简单说明。所示四坡屋顶（即四面都是斜面的），它的左、右两斜面

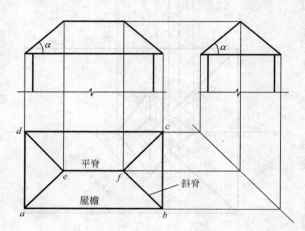

图 5-24 同坡屋顶的投影特性

为正垂面，而前、后两斜面为侧垂面。从屋顶的正面投影和侧面投影上可以看出这些垂直面对水平面的倾角都是相等的，因此它是同坡屋顶。这样就有：

(1) 斜脊 ae 必为屋檐夹角 bad（直角）的分角线；

(2) 平脊 ef 必平行于屋檐 ab 和 cd；

(3) 过 e 点有三条脊棱 ae、ed 和 ef。

下面我们来解决两个例题。

【例题 5-9】 给出一同坡屋顶水平投影的周界（如图 5-25a 所示），试用上述规则作出此屋顶的各个脊棱的投影。

作法：

(1) 先将屋顶水平投影划分为两个矩形 $abdc$ 和 $cgfe$，如图 5-25（b）所示；

(2) 再作出各矩形顶角的分角线，如图 5-25（c）所示；

(3) 最后作出凹角 bhf 的分角线（即斜沟），并擦去无用的线条，如图 5-25（d）所示。

如果又给出屋面的坡角 α，则可利用水平投影画出整个屋顶的正面投影，如图 5-26（a）所示。

在这个例题的基础上，我们向读者提出：同是图 5-25 那样形状的水平投影，如果 ab 的尺寸逐渐加大，可以得到四种典型的屋面划分（图 5-26），它们是：

(1) $ab < ef$，如图 5-26（a）所示；

第五节 同坡屋顶的投影

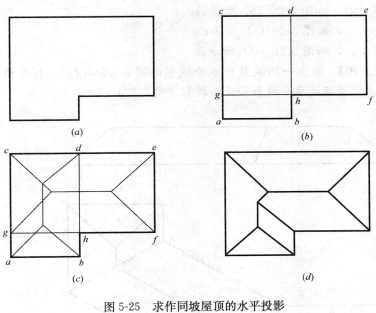

图 5-25 求作同坡屋顶的水平投影

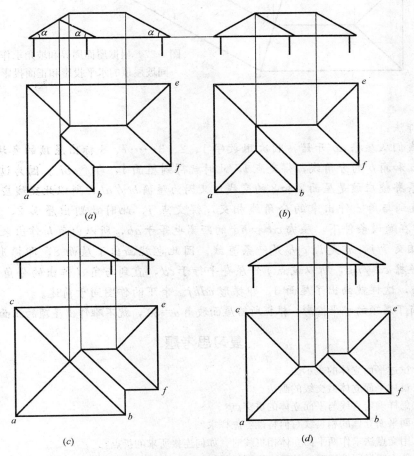

图 5-26 同一周界不同尺寸的同坡屋顶的四种情况

83

（2）$ab=ef$，如图 5-26（b）所示；

（3）$ab=ac$，如图 5-26（c）所示；

（4）$ab>ac$，如图 5-26（d）所示。

【例题 5-10】 给出一同坡屋顶水平投影的周界 $abcdefgha$ 及屋面坡角 $\alpha=30°$，试完成此屋顶的水平投影和正面投影（图 5-27）。

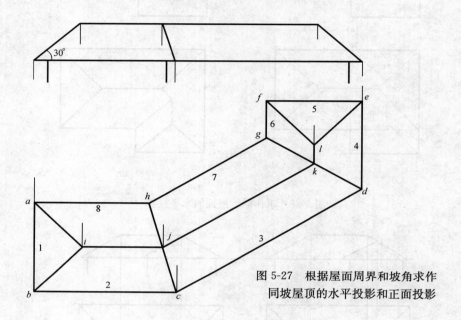

图 5-27 根据屋面周界和坡角求作同坡屋顶的水平投影和正面投影

作法：

我们从屋檐 ab 开始，顺次用数字 1、2、3……7、8 标出屋顶的各块屋面。作角 a 和角 b 的分角线，得交点 i，此时就得到屋面 1，即 $\triangle abi$。因为过点 i 的第三条脊棱应该是屋面 2 和 8 的交线，又因为屋檐 $bc//ah$，所以此交线应平行于 bc，直到与角 c 作出来的分角线相交，得交点 j，此时就划出屋面 2，即梯形 $bcji$。在题设条件下，屋檐 cd 和 hg 的距离也等于 ab，所以由角 h 作出来的分角线也相交于 j，就是说 cjh 是一条直线。因此也就画出了屋面 8，即梯形 $ahji$。因为屋檐 $cd//hg$，所以过点 j 作屋脊平行于 cd，直到与角 d 作出的分角线相交于点 k，这样就画出了屋面 3，即梯形 $cdkj$。余下的作图同于前述。

有了屋顶的水平投影，根据所给屋面坡角 $\alpha=30°$，就不难作出屋顶的正面投影。

复习思考题

1. 试述平面立体的表示法。
2. 试述平面立体截交线的画法。
3. 怎样确定直线与平面立体的贯穿点？
4. 两平面立体的相贯线有何特性？怎样求？
5. 用交点法求作两平面立体相贯线时，如何连接所求的折点？
6. 什么叫做同坡屋顶，其画法规则如何？

第六章 曲线、曲面

第一节 曲线的形成及投影

曲线可以看作是点运动的轨迹。点在一个平面内运动所形成的曲线叫做平面曲线，如圆、椭圆、双曲线和抛物线等；点不在一个平面内运动所形成的曲线叫做空间曲线，如圆柱螺旋线。

平面曲线的投影，与平面曲线对投影面的相对位置有关。如图 6-1 所示平面内的一个圆，由于它所在的平面与投影面的位置不同，其投影也不同。

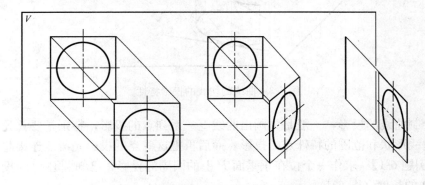

图 6-1 平面曲线投影的三种情况

（1）圆所在的平面平行于投影面，则圆的投影反映实形（成为同样大小的圆）；

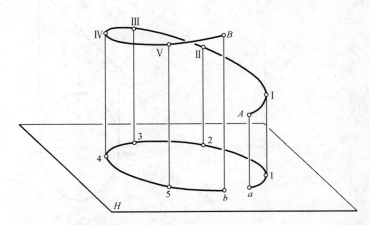

图 6-2 空间曲线的投影

第六章 曲线、曲面

(2) 圆所在的平面倾斜于投影面，则圆的投影不反映实形（变形成为椭圆）；

(3) 圆所在的平面垂直于投影面，则圆的投影积聚成一直线（其长度等于直径）。

空间曲线（如图 6-2 所示的一段圆柱螺旋线）的投影，在任何情况下都不会有直线，而是曲线，也无所谓反映实形。

无论平面曲线或空间曲线，若直线和曲线相切，则此直线的投影仍旧与该曲线的同面投影相切。要证明这点，可以把切线看作是割线的极限位置。

设曲线 L 上有一条割线 AB（图 6-3）。我们把割线 AB 的端点 B，逐渐地向端点 A 靠拢，直到两者重合，则割线 AB 就成了过 A 点的切线 T。在 H 面上，当 B 点逐渐地与 A 点重合时，则 B 点的投影 b 也逐渐地与 A 点的投影 a 重合。此时，割线 AB 的投影 ab 就成了曲线 L 的投影 l 在 a 处的切线 t。

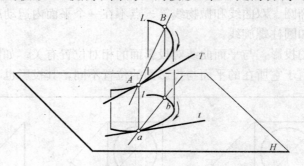

图 6-3 曲线的切线的投影特性

绘制曲线的投影，一般是先画出曲线上一系列点的投影，特别是要首先画出控制曲线形状和范围的特殊点的投影，而后再把这些点的投影光滑地连接起来。

【例题 6-1】 求作一个位在正垂面 P 上的圆周的投影，已知圆心 O 的投影及直径 D 的长度（图 6-4）。

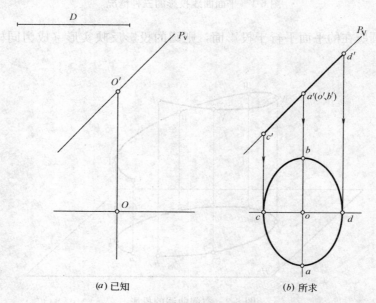

(a) 已知　　　　　(b) 所求

图 6-4 求作正垂面 P 内一圆的投影

分析：所给平面 P 对 V 面垂直，对 H 面倾斜成 α 角，所以，P 面内的圆，投影在 V 面上必积聚成一条直线而重合在 P_v 上，长度等于直径 D；投影在 H 面上变形成为椭圆。此椭圆的长轴❶是圆内一条垂直于 V 面的直径的投影，长度即等于直径 D；短轴是圆内一条平行于 V 面的直径的投影，长度等于直径 $D\cos\alpha$。

如果我们能先确定此椭圆长、短轴的端点、再运用图 6-5 所示"四心扁圆法"就可近似地作出椭圆。

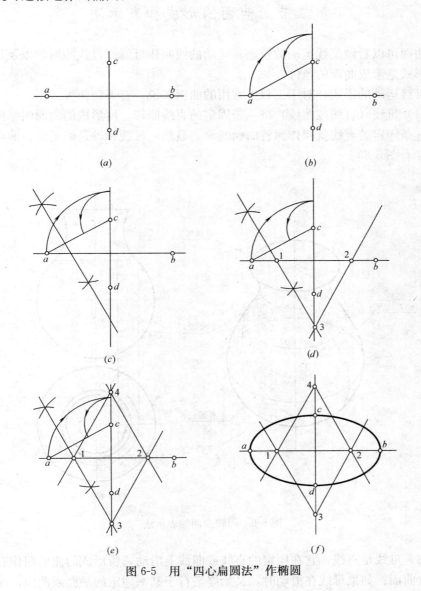

图 6-5 用"四心扁圆法"作椭圆

---

❶ 当圆在它所倾斜的投影面上投影成椭圆时，此椭圆的长、短轴，必定是这样两条直径的投影：一条是平行于该投影面的直径，因这条直径投影后反映实长，故为长轴；另一条是与该投影面成最大斜度的直径，因这条直径投影后缩得最短，故为短轴。

作法：

(1) 过 o' 在 P_v 上截取 $o'c' = o'd' = D/2$，得 $c'd'$，即为所作圆周的正面投影；

(2) 再过 o 作铅垂联系线，并截取 $oa = ob = D/2$，得长轴 ab；

(3) 过 o 作水平线与过 c' 和 d' 向下引的铅垂联系线相交，得短轴 cd；

(4) 最后用"四心扁圆法"作椭圆，即为所求圆周的水平投影。

第二节 曲面的形成和表示法

曲面可以看做是线运动的轨迹。运动的线叫作母线。母线的形状以及母线运动的形式是形成曲面的条件。

母线运动的形式，对于工程上常用的曲面来说，有下面两种：

(1) 母线（直线或曲线）绕一条固定的直线回转，所形成的曲面叫作回转曲面。这条固定的直线就叫作回转曲面的轴。显然，母线和轴是确定回转曲面的要素（参看图 6-6）。

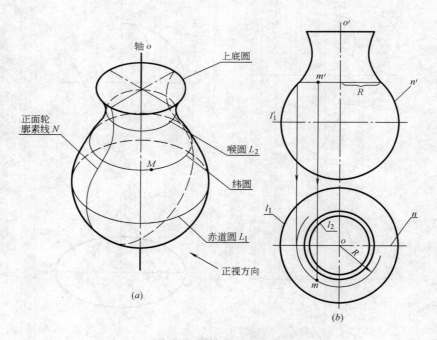

图 6-6 回转曲面的表示法

(2) 母线是直线，它在固定的直线或曲线上滑动，所形成的曲面叫作有导线的直纹曲面；如果母线在滑动时，又始终平行于某一固定的平面或曲面，这样形成的曲面叫做有导线导面的直纹曲面。显然，母线、导线和导面是确定这种曲面的要素（图 6-7）。

为在投影图上确定一曲面，只需给出确定此曲面的各要素的投影即可。但

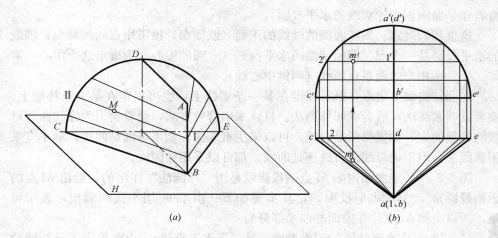

图 6-7 有导线导面的直纹曲面的表示法

是，为了能够明显地表达出曲面的形状和范围，还必须画出曲面各外形轮廓线的投影。所谓曲面的外形轮廓线❶，一般地说，就是该曲面在某一个投影方向上的最大范围线。因此，不同的投影方向，就有不同的外形轮廓线。它们在相应的投影面上的投影，就成为该曲面的各投影轮廓线；并且曲面的外形轮廓线还是曲面可见部分和不可见部分的分界线。

一、回转曲面

图 6-6 表示一个回转曲面，它的母线是一段圆弧曲线，并且和轴线 O 位在同一个平面上。当母线绕轴旋转时，母线的每一个位置都叫素线；母线上每一个点都画出一个垂直于轴并且中心在此轴上的圆，这种圆叫作纬圆。可见，回转曲面实际上是由一系列素线或一系列纬圆组成。因此，回转曲面有如下两条特性：

(1) 经过轴的平面必和曲面相交于以轴为对称的两条素线；

(2) 垂直轴的平面必和曲面相交于一个纬圆。

在投影图上表达回转曲面，它的轴线一般都放成垂直于某一个投影面。图 6-6 中的轴线是铅垂线，此时，该回转曲面在 H 面上的投影是三个圆，其中：最大的一个圆 l_1 是曲面上最大纬圆 L_1（叫赤道圆）的投影；最小的一个圆 l_2 是曲面上最小纬圆 L_2（叫喉圆）的投影；中间一个圆是曲面的上底圆的投影。而曲面的正面外形轮廓线 N 是位于过轴线的正平面上的两条素线，它们投影在 V 面上不变形，成为曲面正面投影的轮廓线 n'。正面投影上垂直于轴线的直线是曲面上底圆的投影。

必须指出：由于曲面是光滑的，曲面某一投影方向的轮廓线，对另外的投影方向就不处于轮廓线的位置，所以它在另外投影面上的投影不应画出来。如图 6-6 (b) 中，正面轮廓线在水平投影中就不画出（图 6-6b 中 n 标记的水平点画线

---

❶ 从几何意义上说，曲面的外形轮廓线，即一系列与曲面相切的投影线，在该曲面上所得切点的总和。

可看作是曲面正面轮廓线的水平投影)。

这里我们规定：回转曲面的轴线的正面（或侧面）投影用点画线画出；轴线的水平投影是一个点，即回转曲面水平投影——圆的中心，为确定这个中心，需作"十"字相交的两条点画线（叫做中心线）。

在回转曲面上定点，既可以定在某一条素线上，也可以定在某一条纬圆上。前者就叫素线法，后者就叫纬圆法。具体采用哪种方法，要看给出的回转曲面母线的形状而定。如果母线是直线，可以采用素线法；如果母线是曲线，就不宜采用素线法。但不论母线是直线还是曲线，都可以采用纬圆法。

图 6-6 (b) 中曲面内的 M 点的投影就是用"纬圆法"作出的。给出 M 点的正面投影 m'，为作水平投影 m，其步骤如下（由于 m' 用小圆圈画出，表示可见，所以空间 M 点位在曲面的前半部分）：

(1) 过 m' 作水平纬圆的正面投影（是一条水平直线），由此确定了此纬圆的半径 R；

(2) 根据半径 R，在曲面的水平投影上作纬圆的水平投影；

(3) 由 m' 向下引铅垂联系线，与所作纬圆的水平投影的前半圆相交，得 m。

二、有导线导面的直纹曲面

图 6-7 (a) 所示的直纹曲面的导线有两条：一条是垂直于 H 面的直线 AB，另一条是平行于 V 面的半圆 CDE。母线为 BC，它运动时除了两端必须沿两条导线滑动以外，还必须始终平行于水平面 H。可见，曲面上每一条素线都是水平线。

绘制这种曲面的投影图（图 6-7b），首先要作出确定曲面的各要素——即母线 BC、导线 AB 及半圆 CDE 的投影，然后作出能表示曲面范围的轮廓线 BC 和 BE 的投影。

为了在直纹曲面上确定一个点，显然要把它确定在该曲面的一条素线上。图 6-7 (b) 中曲面内 M 点的投影就是用"素线法"画出的。如先给出 M 点的水平投影 m，为求正面投影 m'，其作法如下：

(1) 在水平投影上过 m 点作一条素线的投影 12（通过 ab）并与导线的投影 cde 相交于 2；

(2) 由 2 向上作铅垂联系线，在 $c'd'e'$ 上得出 $2'$，由 $2'$ 引一条水平直线，即得素线 ⅠⅡ 的正面投影 $1'2'$（平行于 OX 轴）；

(3) 再由 m 向上作铅垂联系线，在 $1'2'$ 上交于 m'。

第三节 曲面立体的投影

由曲面包围或者由曲面和平面包围而成的立体，叫做曲面立体。圆柱、圆锥、球和环是工程上最常用的最简单的曲面立体。由于包围这种立体的曲面都属于回转曲面，所以又统称回转体。本章所讲的曲面立体，除特别指明的以外，均指回转体。

曲面立体同平面立体的区别在于它有曲面。因此，画曲面立体的投影在于画出曲面的外形轮廓线的投影。

一、圆柱

如图 6-8（a）所示，两条平行的直线，以一条为母线另一条为轴线回转，即得圆柱面。由圆柱面和上、下底面围成的立体，就是圆柱体。图 6-8（b）给出了一圆柱的三面投影图，轴线垂直于 H 面。它的水平投影为一个圆，此圆的半径等于底圆的半径，圆心即为轴线的水平投影；正面和侧面投影均为相等的长方形，此长方形的高等于圆柱的高，宽等于圆柱的直径。必须指出：圆柱的水平投影——圆周，除了反映上、下两底的实形以外，还是整个圆柱面的水平投影（有积聚性）；正面和侧面投影的轮廓素线并非同一对素线的投影。正面投影的轮廓素线，是圆柱面最左、最右的两条轮廓素线的投影，这两条素线把圆柱分成前、后两半（前一半可见，后一半不可见），它们在 W 面上的投影与轴线的投影重合；侧面投影的轮廓素线是圆柱面最前、最后的两条轮廓素线的投影，这两条素线把圆柱分成左、右两半（左一半可见，右一半不可见），它们在 V 面上的投影与轴线的投影重合。

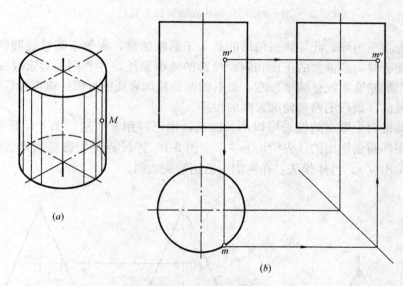

图 6-8　圆柱的三面投影

求作直立圆柱面上点的投影时，不必作什么辅助线，而可直接利用圆柱面的水平投影的积聚性。图 6-8（b）中 M 点的投影（先给出 m'）就是这样作出来的。因为 M 点位在右半圆柱面上，所以它的侧面投影 m'' 是不可见的，用小黑点表示。

二、圆锥

如图 6-9（a）所示，两相交的直线，以一条为母线另一条为轴线回转，即得圆锥面。由圆锥面和底面组成的回转体就是圆锥体。图 6-9（b）给出一圆锥体的三面投影图，轴线垂直于 H 面。它的水平投影是一个圆（即圆锥底圆的水平投影），圆心即轴和锥顶的水平投影，半径等于底圆的半径；正面和侧面投影是

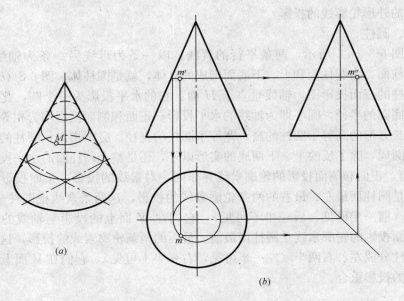

图 6-9 用纬圆法在圆锥面上取点

相同的等腰三角形，此等腰三角形的高等于圆锥的高，底等于圆锥底圆的直径。同圆柱面一样，圆锥面的正面和侧面投影的轮廓素线，并非同一对素线的投影。正面投影的轮廓素线是圆锥最左、最右的两条轮廓素线的投影；侧面投影的轮廓素线是最前、最后的两条轮廓素线的投影。

在圆锥面上取点的投影可以用纬圆法，也可以用素线法。图 6-9 上 M 点的投影是用纬圆法作出的（先给出 m'），而图 6-10 上 N 点的投影是用素线法作出的（先给出 n'）。具体作法，在两图中已用箭头表明。

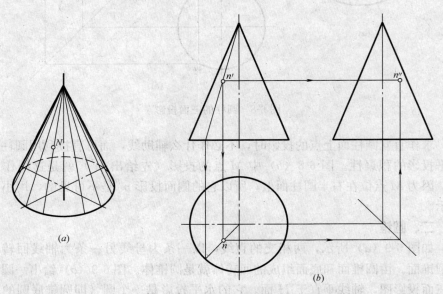

图 6-10 用素线法在圆锥面上取点

三、球

球的表面可以看作是一个圆绕着圆本身的一条直径❶旋转而成（图 6-11a）。各投影的轮廓线均为同样大小的圆（图 6-11b）。但要注意，它们不是球面上同一个圆的投影。水平投影是最大纬圆（即赤道圆的投影，赤道圆把球体分成上、下两半，上一半可见、下一半不可见）；正面投影是平行于 V 面的素线的投影，此素线把球体分成前、后两半（前一半可见，后一半不可见）；侧面投影是平行于 W 面的素线的投影，此素线把球体分成左、右两半（左一半可见，右一半不可见）。这三个圆的其他投影均都积聚成直线，重合在相应的中心线上。

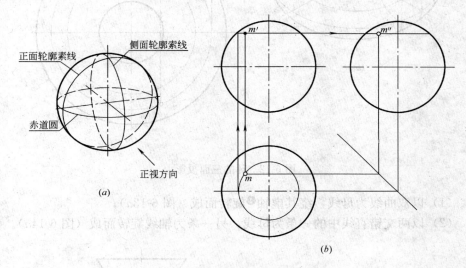

图 6-11 球的三面投影

在球面上取点应该用纬圆法，即把点定在一个纬圆上。图 6-11 中的 M 点就是这样作出来的（先给出 m）。因为 M 点位在后半球面上，所以它的正面投影 m′ 是不可见的，用小黑点表示。

四、环

环的表面可以是一个圆绕着与圆共面的，但位在此圆外的一条直线旋转而成（图 6-12a）。当轴线为铅垂线时，它的水平投影轮廓线由赤道圆和喉圆的水平投影组成（图 6-12b）；正面投影的左、右是两个小圆（反映母圆的实形，有半个是看不见的，画成虚线），两个小圆的两条公切线分别是环面最上和最下两个纬圆的正面投影。

在环面上定点只能用纬圆法。图 6-12 中环面上 M 点的投影就是用纬圆法作出的。

五、单叶回转双曲面

单叶回转双曲面的形成方式可以有两种：

---

❶ 这条直径相当于球面的回转轴，为了叙述统一起见，我们也规定这条轴垂直于 H 面。

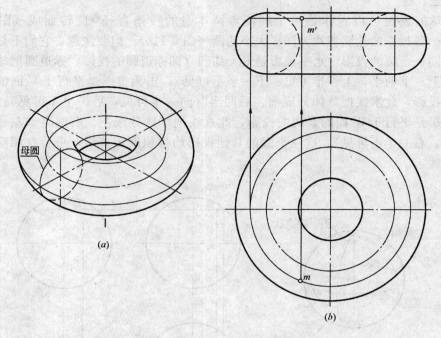

图 6-12 环的三面投影

（1）以双曲线为母线，绕其虚轴❶旋转而成（图 6-13a）；
（2）以两交错直线中的一条为母线，另一条为轴线旋转而成（图 6-14a）。

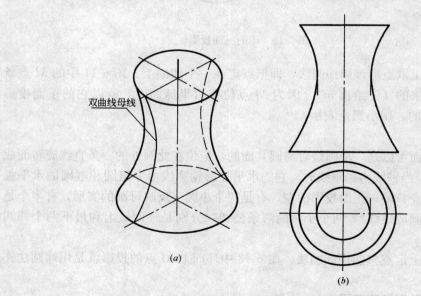

图 6-13 以双曲线为母线回转而成的单叶回转双曲面

---

❶ 双曲线有两条轴，连接两个焦点 F_1 和 F_2 的轴叫实轴；通过 F_1F_2 的中点且垂直于实轴的直线叫虚轴。

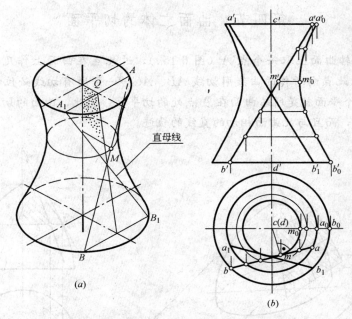

图 6-14 以直母线回转而得的单叶回转双曲面

以双曲线为母线绕其虚轴旋转而成的回转曲面，当轴线为铅垂线时，其投影图如图 6-13（b）所示。它的水平投影是两个同心圆，最小的圆即为喉圆的水平投影；正面投影是一条双曲线，它反映母线的实形。

以交错两直线中的一条为母线，另一条为轴线旋转而成的回转曲面，其投影图的作法表明在图 6-14（b）中。设两交错直线 AB 和 CD，其中 CD 为铅垂线，AB 绕 CD 旋转，此时 AB 上的每一个点都绕 CD 作圆周运动，这些圆投影在 V 面上为直线。AB 上距离 CD 最近的那一点 M 绕出一个最小的圆周（即喉圆），因此投影在 V 面上为一条最短直线。把 V 面上所得的一系列直线的端点（如 a'_0、m'_0、b'_0 等），用曲线连接起来，就得到曲面的正面投影，它是一条双曲线。

假如我们再取一条直线 A_1B_1 与原母线 AB 对称于通过轴 CD 的一个铅垂面 Q，那么直线 A_1B_1 经过旋转（以 CD 为轴）也得原先的回转曲面。这就是说，在单叶回转双曲面上会有两族直线，每族都覆盖着整个曲面；并且第一族的直线与第二族的直线相交，而同一族的任何两条直线必交错。

必须指出，上述两种不同方式所形成的单叶回转双曲面，并不是各不相关而是互相联系的。例如图 6-14，如果我们把曲面正面轮廓线——双曲线 $A_0M_0B_0$ 绕轴线 CD 回转，也得同样的一个单叶回转双曲面。由此可见，在同一个单叶回转双曲面上，既可以有直线素线，又可以有双曲线素线。在图 6-13 中，为作出直线素线，只要作铅垂面与喉圆相切，此铅垂面必截曲面于直线素线（两条）；在图 6-14 中，为作出双曲线素线，只要过轴线作铅垂面，此铅垂面必截曲面于双曲线素线。

第四节 曲面立体的切平面

设在回转曲面上取一个点 A（图 6-15a），过此点在曲面上作几条曲线 L_1、L_2······再过此点向所作的曲线引切线 AB、AC······则所有切线必位在一个平面 P 内❶。这个平面就是所给曲面在 A 点处的切平面。因此，曲面的切平面就是过曲面上一点，而且与此曲面相切的直线的轨迹。

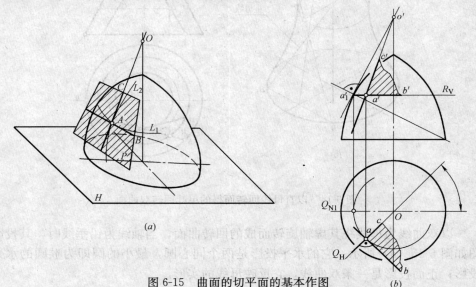

图 6-15 曲面的切平面的基本作图

由于平面在空间的位置可以用两相交直线来确定，所以过曲面上的 A 点作切平面时，只要：

(1) 在曲面上过 A 点作两条曲线 L_1 和 L_2；

(2) 再过 A 点分别作这两条曲线的切线 AB 和 AC，那么切线 AB 和 AC 所确定的平面 P 就是所求的切平面。

图 6-15 (b) 表明上述问题在投影图上的画法。因为所给曲面是一个回转曲面，所以过 A 点要作的两条曲线，最好是纬圆和素线。过 A 点作一个水平截平面 R（$\perp$ 轴），截割已知曲面可得到纬圆；过 A 点作一个铅垂面 Q（过轴），截割已知曲面可得到素线。而后再过 A 点分别向所作纬圆和素线引切线 AB 和 AC。切线 AB 的两个投影 ab 和 $a'b'$ 以及切线 AC 的水平投影 ac 作起来是很方便的。问题是切线 AC 的正面投影 $a'c'$ 如何画出？因为过 A 点的素线的正面投影不便画出，所以应该用旋转法，把此素线绕回转曲面的轴旋转重合于轮廓素线。此时，A 点的正面投影 a' 就平移到正面投影轮廓线上，得 a'_1；再过 a'_1 作此投影轮廓线的切线，就得到切线 AC 的新正面投影。在空间延长 AC 直线必与轴相交于一点 O（参看图 6-15a）。在旋转过程中，这个 O 点是不动的。因此 AC 的新正面投影与轴的正面投影的交点 o'，即为空间 O 点的

---

❶ 这一特性证明，已超出本书范围，在此从略。

正面投影。最后，连线 $a'o'$ 就作出切线的原正面投影 $a'c'$。

若平面与圆柱面或圆锥面相切，则必切于一条素线。利用这一特性，可以简化圆柱面和圆锥面切平面的作图。下面举出两个例子：

【例题 6-2】 过圆柱面上的 A 点作切平面（图 6-16）。

分析：过 A 点作素线，并标出此素线与圆柱底面的交点 M（即水平迹点）。再过 M 点作圆柱底圆的切线 P_H（即切平面的水平迹线）。直线 AM 和 P_H 所确定的平面即为所求。

作法已表明在图 6-16 中。

【例题 6-3】 过圆锥面外的 A 点作切平面（图 6-17）。

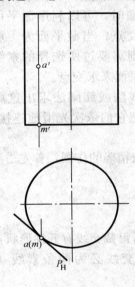

图 6-16 过圆柱面上一点作切平面

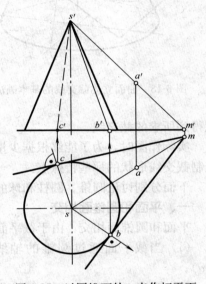

图 6-17 过圆锥面外一点作切平面

分析：与圆锥相切的平面必切于一条素线。换言之，必经过锥顶 S。另外，圆锥面的切平面与锥底平面（题设条件即为 H 面）的交线必切于此圆锥面的底圆。由此得出解题步骤如下：

(1) 连 A 点和锥顶 S，作一直线 AS；

(2) 求出直线 AS 与锥底平面 H 的交点 M（即 AS 的水平迹点）；

(3) 由 M 点向底圆引两条切线，得到两个切点 B 和 C；

(4) 从切点 B 和 C 分别作素线 SB 和 SC，则平面 MBS 和 MCS 即为所求（此题有两解）。

作法已表明在图 6-17 中。

第五节　平面和曲面立体相交

平面和曲面立体相交，所得截交线在一般情况下是平面曲线。如图 6-18 所示，圆锥面截交线上的任意一个点（如图中的 A 点），既可以看做是曲面的某一

第六章 曲线、曲面

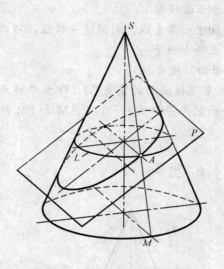

图 6-18 曲面立体截交线的基本画法

条素线（如直线 SM）与截平面 P 的交点，又可以看做是曲面的某一个纬圆（如圆周 L）与截平面 P 的交点。因此，求作曲面立体截交线的问题，本质如同在曲面上定点一样。在曲面上定点，我们已介绍过纬圆法和素线法。这里所不同的只是引一系列素线或纬圆为辅助线与截平面相交，求出它们的交点而已。显然，当截平面为投影面的垂直面时，可以利用截平面的积聚性来求交点；当截平面为一般位置平面时，则需要过所选择的素线或纬圆作辅助平面来求交点。

用素线法或纬圆法求出这些交点以后，再把它们依次光滑地连接起来，就得到所求的截交线。

实际作图时，为了能够根据少量的点，达到比较精确的作图，首先需要求出控制截交线形状的那些特殊点。

下面分别讨论圆锥、圆柱和球的截交线的画法。

一、平面和圆锥面相交

平面和圆锥面相交，由于截平面的位置不同，所得截交线有五种形状：

（1）当截平面通过圆锥的轴线或锥顶时，截交线必为两条素线（图 6-19a）；

（2）当截平面垂直于圆锥的轴线时，截交线必为一个纬圆（图 6-19b）；

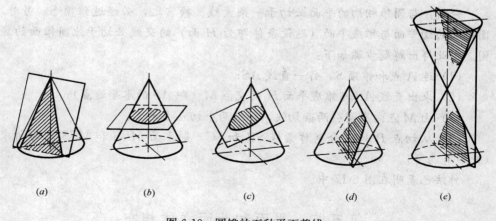

图 6-19 圆锥的五种平面截线

（3）当截平面倾斜于圆锥的轴线，并与所有素线相交时，截交线为椭圆（图 6-19c）；

(4) 当截平面倾斜于圆锥的轴线，但与一条素线平行时，截交线为抛物线（图 6-19d）；

(5) 当截平面平行于圆锥的轴线，或者倾斜于圆锥的轴线但与两条素线平行时，截交线必为双曲线（图 6-19e）。

【例题 6-4】 求作正垂面 P 与圆锥的截交线，并求其实形（图 6-20）。

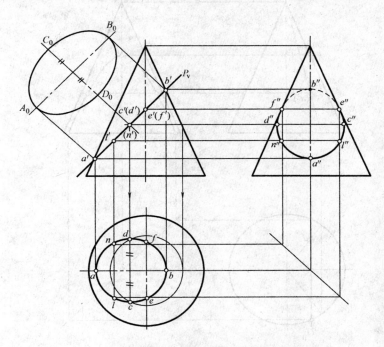

图 6-20 作正垂面与圆锥的截交线

分析：因截平面 P 与圆锥轴线倾斜并与所有素线相交，故截交线是一个椭圆。它的长轴与 V 面平行，短轴与 V 面垂直。椭圆的正面投影，因 P 面与 V 面垂直而积聚在 P_V 上；椭圆的水平投影和侧面投影，因 P 面与 H 面和 W 面都倾斜，故投影不反映实形（仍旧是椭圆）。

作法：

(1) 在 P_V 与圆锥正面投影轮廓素线的交点处，得椭圆长轴 AB 两端点的投影 a' 和 b'，由此向下引铅垂联系线，在水平中心线上得 a 和 b；向右引水平联系线，在轴线的侧面投影上得 a'' 和 b''；

(2) 线段 $a'b'$ 的中点 $c'(d')$，应是椭圆短轴 CD 两端点的正面投影，由此用纬圆法求得水平投影 c 和 d 及侧面投影 c'' 和 d''；

(3) 在 p_V 与圆锥正面投影的轴线交点处得 $e'(f')$，由此向右引水平联系线，在圆锥侧面轮廓素线投影上，得椭圆侧面投影的虚实分界点 e'' 和 f''，再求得 e 和 f；

(4) 再用纬圆法求出位于左半椭圆上的一个一般点 L 和 N 的投影；

(5) 分别用曲线光滑地连接所求点的水平投影和侧面投影（f''、b''、e'' 三点用虚线连，其他全用实线连）；

（6）最后用换面法求出椭圆断面的实形（先确定长、短轴，再用"四心扁圆法"作椭圆。）

【例题 6-5】 求作侧平面 Q 与圆锥的截交线（图 6-21）。

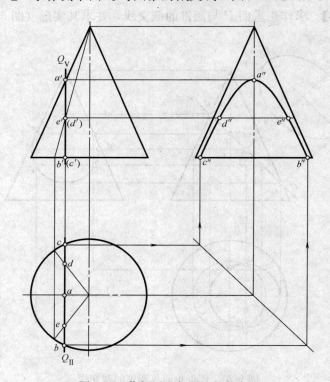

图 6-21　作侧平面与圆锥的截交法

分析：因截平面 Q 与圆锥轴线平行，可知截交线是双曲线（一叶）。它的正面投影和水平投影均由于 Q 面的积聚性而落在 Q_V 上和 Q_H 上；它的侧面投影，因 Q 面与 W 面平行而具有显实性。

作法：

（1）在 Q_V 与圆锥正面投影左边轮廓素线的交点处，得截交线最高点 A 的投影 a'，由此得 a 和 a''；

（2）在 Q_V 与圆锥底面正面投影的交点处，得截交线的最低点 B 和 C 的投影 $b'(c')$，由此求得 b、c 和 b''、c''；

（3）用素线法求得一般点 D 和 E 的各投影；

（4）在侧面投影上，把 b''、e''、a''、d'' 和 c'' 用曲线光滑地连接起来，它反映了双曲线的实形。

二、平面和圆柱面相交

平面与圆柱面相交，由于截平面的位置不同，所得截交线有三种形状：

（1）当截平面经过圆柱的轴线或平行于轴线时，截交线为两条素线（图 6-22a）；

(2) 当截平面垂直于圆柱的轴线时，截交线为一个纬圆（图 6-22b）；

(3) 当截平面倾斜于圆柱的轴线时，截交线为椭圆（图 6-22c），此椭圆短轴的长度等于圆柱的直径，长轴的长度随着截平面对轴线的倾角不同而变化。

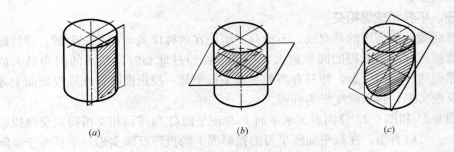

图 6-22　圆柱面的三种平面截线

【例题 6-6】　给出圆柱切割体的正面投影和水平投影，补出它的侧面投影（图 6-23）。

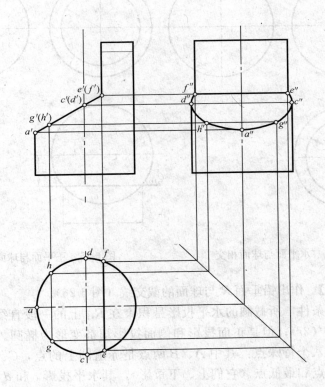

图 6-23　例题 6-6 图

给出的圆柱切割体可看作圆柱被两个平面所截的结果：一是正垂面截圆柱所得交线为部分椭圆（位于圆柱的左面）；一是侧平面截圆柱所得交线为两段直线

第六章　曲线、曲面

（位于圆柱的上部）。根据截平面和圆柱面投影的积聚性，截交线的正面投影和水平投影均为已知，只需求出截交线的侧面投影。图中标定了七个点，其中 A 是椭圆长轴的一个端点，C、D 是椭圆短轴的两个端点，E、F 是素线和椭圆的连接点，G、H 是一般点。由此可补出这七个点的侧面投影，最后完成圆柱切割体的侧面投影。

三、平面和球面相交

平面截球面所得的截交线，不论截平面处在何种位置，都是一个圆。并且截平面愈接近球心，截得的圆就愈大，当截平面经过球心时，截出的圆为最大的圆。然而这种圆的投影，却只有当截平面平行于某一投影面时，在该投影面上才能够反映实形，否则就变形为椭圆。

图 6-24 和图 6-25 分别表示水平面 P 和正平面 Q 与球面相交所得截交线投影的作法。可以看出：在截平面所平行的投影面上的投影反映实形，半径等于空间圆的半径 r；另外两个投影积聚成线段，长度等于 $2r$。

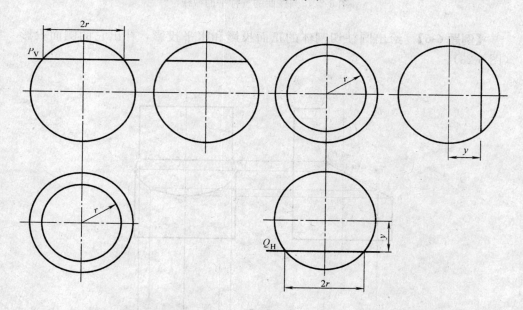

图 6-24　水平面与球面相交　　　图 6-25　正平面与球面相交

【例题 6-7】 作出铅垂面 R 与球面的截交线（图 6-26）。

根据题设条件，所截圆的水平投影是积聚在 R_H 上的一段直线，长度就等于该圆的直径（$2r$）；但是正面投影和侧面投影却都变形为椭圆。画这两个椭圆时，要找出八个特殊点：其中 A、B 两点是赤道圆上的点，C、D 两点是截交线上的最高点和最低点（它们上、下重影），其水平投影 c 和 d 和 ab 线段的中点处。E、F 两点是球面的正面外形轮廓线上的点（它们的正面投影 e'、f' 是截交线正面投影的虚实分界点），G、H 两点是侧面外形轮廓线上的点（它们的侧面投影 g''、h'' 是截交线侧面投影的虚实分界点）。具体作法图中已用箭头表明。

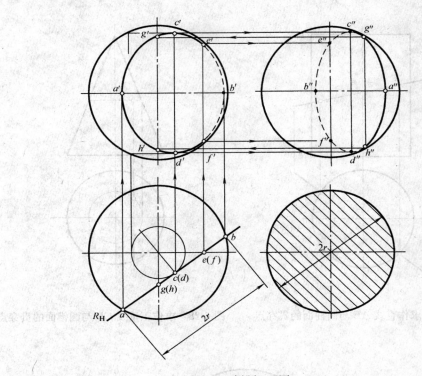

图 6-26 例题 6-7 图

第六节 直线和曲面立体相交

求作直线与曲面立体的贯穿点，如同求直线与平面立体的贯穿点一样，一般也用辅助截平面法，具体作图分三步进行：

第一步，经过已知直线作一个辅助截平面；

第二步，求出此辅助截平面与已知曲面立体的截交线；

第三步，确定所求截交线与已知直线的交点。

但在特殊情况下，如曲面的投影有积聚性，或直线的投影有积聚性，便可直接求出贯穿点。

【例题 6-8】 求作直线 AB 与圆柱面的贯穿点（图 6-27）。

由于圆柱面的水平投影——圆周有积聚性，直线的水平投影 ab 与圆周的交点 k 和 l，即为所求贯穿点的投影，进而用线上定点的方法，在 $a'b'$ 上定出贯穿点的正面投影 k' 和 l'。直线的正面投影 $a'k'$ 一段，位在圆柱的前面，是看得见的，画成实线；$l'b'$ 一段位在圆柱的后面，被圆柱遮住的那一小部分是看不见的，应画成虚线。

【例题 6-9】 求作正垂线 CD 与圆锥面的贯穿点（图 6-28）。

由于直线 CD 的正面投影有积聚性，所以 c'（d'）也是直线与圆锥面的贯穿

第六章 曲线、曲面

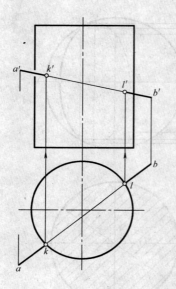 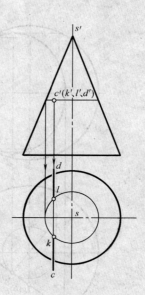

图 6-27 求作直线 AB 与圆柱面的贯穿点　　图 6-28 求作正垂线 CD 与圆锥面的贯穿点

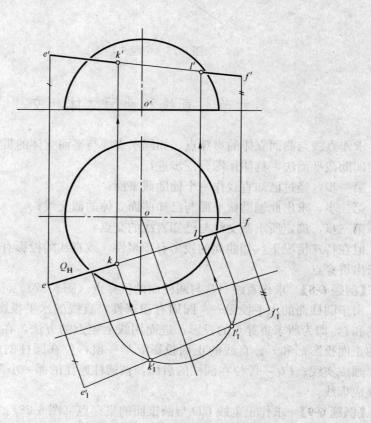

图 6-29 求作直线 EF 与半球面的贯穿点

点 K 和 L 的正面投影 $k'(l')$。为此，可应用圆锥面上作纬面的方法，求出贯穿点 K 和 L 的水平投影 k 和 l。

【例题 6-10】 求作直线 EF 与半球面的贯穿点（图 6-29）。

图中过直线 EF 作了一个铅垂面 Q，显然 Q_H 应与 ef 重影。因为 Q 平面与半球面相交所得半圆的正面投影是半个椭圆，作图比较麻烦。于是，用换面法在 V_1 面上画出了所截半圆的实形和直线的新投影 $e_1' f_1'$，并定出它们的交点是 k_1'、f_1'，由此，用"反回作图"求出贯穿点 K 和 L 的投影 k、l 和 k'、l'。

直线 EK 段和 LF 段，不论正视还是俯视均看得见，应该画成实线。

第七节　平面立体和曲面立体相交

平面立体与曲面立体相交所得的相贯线，在一般情况下，是由几段平面曲线组成的空间曲线（图 6-30）。每一段平面曲线，都是平面立体的棱面（包括底面）与曲面立体的截交线。相邻两段平面曲线的连接点（也叫结合点）就是平面立体的棱线与曲面立体的贯穿点。由此可见，求作平面立体与曲面立体的相贯线，可归结为求平面与曲面立体的截交线和直线与曲面立体的贯穿点。

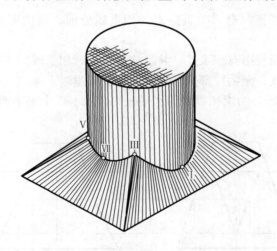

图 6-30　平面立体与曲面立体相贯线的作图分析

【例题 6-11】 求作四棱锥与圆柱的相贯线（图 6-31）。

所求相贯线由棱锥的四个棱面截割圆柱面所得的四段椭圆弧组成。四条棱线与圆柱面的四个交点就是这些椭圆弧的结合点。

由于圆柱面的水平投影有积聚性，所以相贯线的水平投影是已知的（为圆）。相贯线的正面投影前后重影，由左、右两段直线（为左、右两段椭圆弧积聚而成）和中间一段椭圆弧组成。

如图 6-31 所示，为求相贯线的正面投影，用了三个正平面为辅助截平面。

【例题 6-12】 求作三棱柱与圆锥的相贯线（图 6-32）。

所求相贯线由棱柱的三个棱面截割圆锥面所得的圆弧和部分抛物线组成。棱

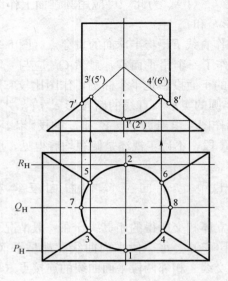

图 6-31 求作四棱锥与圆柱的相贯线

柱的三条棱线与圆锥面有六个贯穿点。相贯线分前、后两部分,各由三段曲线组成。

相贯线的正面投影有积聚性,并且前后重影。相贯线的水平投影,圆弧部分可见,应画成实线;抛物线部分不可见,应画成虚线。

如图 6-32 所示,为求相贯线的水平投影,用了三个水平面为辅助截平面。

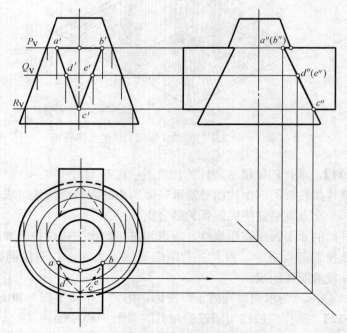

图 6-32 求作三棱柱与圆锥的相贯性

第八节　两曲面立体相交

两曲面立体的相贯线，在一般情况下，是封闭的空间曲线；在特殊情况下，是平面曲线。求作两曲面立体的相贯线，应先求出两曲面的一系列的公共点，然后把所求的公共点用曲线依次光滑地连接起来。求两曲面的公共点，有辅助平面法和辅助球面法两种。

一、辅助平面法

用辅助平面法求两曲面的公共点，一般应分三步进行：

第一步，加辅助截平面；

第二步，分别求出此辅助截平面与两曲面的截交线；

第三步，确定所求截交线的交点。

如此加几个辅助截平面，重复上述步骤，便可得一系列的公共点。这里必须强调指出：

（1）为了作图简便起见，辅助面选择的原则，应该是与两曲面都相交成最简单的截交线，如直线或圆周；

（2）为了作图准确起见，辅助面的位置应考虑到所求的公共点，最好是相贯线上的特殊点。

对于回转曲面，投影面的平行面常常是被选择的辅助截面，因为它们能够与回转曲面相交于素线或纬圆。至于相贯线上的特殊点，必须求出的是两曲面外形轮廓线上的点，因为它们能够把所求相贯线分成可见和不可见的两部分，而在相应的投影图上，它们就是相贯线投影的虚实分界点。

【例题 6-13】 求作圆柱和圆锥的相贯线（图 6-33）。

分析：在题设条件下，如果选择一系列的水平面为辅助面，那么它们和圆柱都必相交于直线（素线）；和圆锥都必相交于圆周（纬圆）。在同一个辅助截面上所截得的直线和圆周的交点，就是两曲面的公共点（参看立体图）。特别是由于已知圆柱垂直于正面，所以两曲面相贯线的正面投影是已知的（积聚在圆柱的正面投影轮廓线上），问题只在于求水平投影。

作法：

（1）用 $1'$ 和 $2'$ 标记两曲面正面投影轮廓线的交点，向下引铅垂联系线，在圆锥正面轮廓素线的水平投影（为水平中心线）上得 1 和 2；

（2）以过圆柱轴线的水平面 Q 为辅助面，求得相贯线水平投影的虚实分界点 3 和 4（$3'$ 和 $4'$ 重影于 Q_v 上）；

（3）用与圆柱相切的最低的水平面 S，求得相贯线最低点的投影 5、$5'$ 和 6、$6'$；

（4）用两个中间的水平面 P 和 R，求得四个一般点的投影；

（5）最后，用曲线把所求各点的水平投影依次地连接起来，并把 3-1-4 这段连成实线，把 3-5-2-6-4 这段连成虚线。

【例题 6-14】 求作两圆柱的相贯线（图 6-34）。

第六章 曲线、曲面

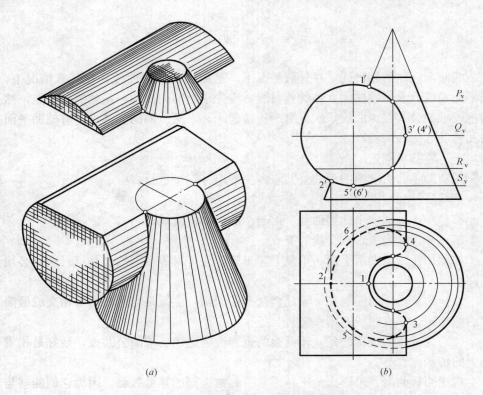

图 6-33 用水平面为辅助面求作圆柱和圆锥的相贯线

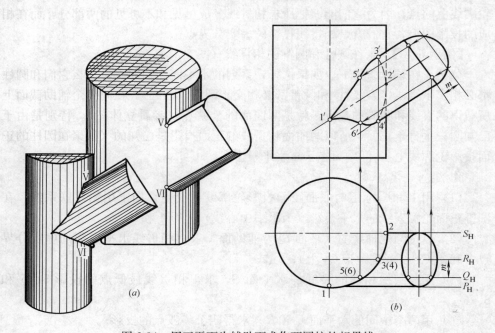

图 6-34 用正平面为辅助面求作两圆柱的相贯线

分析：此题不宜选择水平面为辅助截面，因为这种辅助截面与其中的斜圆柱（图中直径较小的圆柱）的截交线为椭圆，不符合辅助面的选择原则，但是考虑

108

第八节 两曲面立体相交

到两圆柱的轴线同时平行于正面,如果选择正平面为辅助截面,那么,这种辅助截面就与两圆柱同时相交于直线(素线)(参看立体图)。又知两曲面相贯线的水平投影必积聚在直立圆柱的水平投影上,所以只要求出相贯线的正面投影即可。

作法:

(1) 用与圆柱相切的两个正平面 P 和 S,求出相贯线上的最前点和最后点的投影 1、$1'$ 和 2、$2'$;

(2) 用过斜圆柱轴线的正平面 R,求出相贯线正面投影的虚实分界点 $3'$ 和 $4'$(3 和 4 重影在 R_H 上);

(3) 用一个中间的正平面 Q 求出两个一般点的投影 5、$5'$ 和 6、$6'$;

(4) 最后,用曲线把所求各点的正面投影依次地连接起来,并把 $3'$-$2'$-$4'$ 这段连成虚线,把 $3'$-$5'$-$1'$-$6'$-$4'$ 这段连成实线(注意:此题相贯线的正面投影形成一个尖锋)。

下面我们来分析具有公共对称平面的圆柱、圆锥和球等相贯所得相贯线的特性和画法。

所谓公共对称平面,就是两回转相贯体的轴线所确定的平面,它能够把相贯体分割成对称的两部分。

具有公共对称平面的圆柱、圆锥和球等相贯体,其交线有如下特性:

(1) 为对称曲线;

(2) 最高点和最低点落在公共对称平面上。

根据这两条特性,可以看到:图 6-35 所示相贯的直立圆柱和半球,由于公共对称平面 Q 平行于正面,所以相贯线的正面投影必定前后重影,为一段曲线;两曲面正面投影轮廓线的两个交点,其中一个($1'$)就是相贯线的最高点,另一个($2'$)就是最低点。当公共对称平面 Q 不平行于正面时,为求相贯线正面投影的最高点和最低点,一般地说,应该用 Q 面为辅助截面。但是在图 6-36 的条件下,相贯线的水平投影是已知的,所以,当用 Q_H 定出了最高点和最低点的水平投影 1 和 2 以后,就可再用正平面 P 和 R 来定出它们的正面投影 $1'$ 和 $2'$。

用公共对称平面这一概念,只能帮助我们了解所求的相贯线是否是一个对称曲线以及最高点、最低点的位置。至于具体求点还是要用前面的方法。如图 6-35 最前点Ⅲ和最后点Ⅳ就是用两个与直立圆柱相切的正平面 P 和 R 求得的。图 6-36 中正面投影虚实分界点 $3'$ 和 $4'$ 就是用过直立圆柱的正面轮廓素线的正平面 S 求出的。

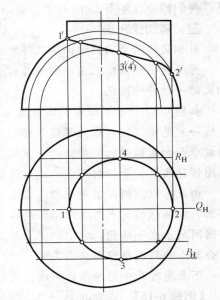

图 6-35 两相交曲面的公共对称平面 Q 平行于正面

第六章 曲线、曲面

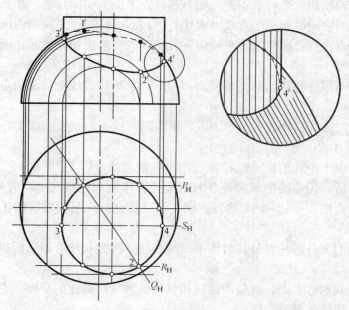

图 6-36 两相交曲面的公共对称平面 Q 不平行于正面

最后，请读者注意：图 6-36 两曲面正面投影轮廓线的交点，不是所求相贯线上的点，原因是它们在空间并非像图 6-35 那样落在一个平面上。为了明显起见，我们特地在图 6-36 的右边，画出了一个以点 $4'$ 为中心的放大三倍的详图。

二、辅助球面法

当相交的两个回转曲面满足特定的条件时，可用辅助球面法去求公共点。

为了说明辅助球面法的作图原理和应用条件，需要首先了解球面与回转曲面相交的一种特殊情况。

如图 6-37 所示，球面与圆锥面相交。当球心位在圆锥的轴线上时，它们的交线一定是圆（因为球的母线与圆锥的母线有交点，当母线绕着轴线作回转运动形成球面和圆锥面时，母线的交点做圆周运动，形成了两回转曲面的交线）。又当圆锥轴线平行于投影面时，此交线就投影成一段直线。

由此可以想到：若两个回转曲面的轴线相交，又都平行于同一个投影面时，那么，以轴线的交点为球心所作的球面，就一定与两个回转曲面都相交成圆；这些圆同属于这个球面，它们的交点就是两回转曲面的公共点。这就是辅助球面法求公共点的作图原理和应用条件。

下面通过两个例题来说明球面法的作图过程。

【例题 6-15】 求圆台和一般回转体的相贯线（图 6-38）。

分析：给出的两回转曲面的轴线相交，并都平行于 V 面。两回转曲面的公共对称平面 P 为正平面，因此，相贯线的正面投影为一段曲线，前、后重影；相贯线的水平投影是与圆台水平投影轮廓线相切的封闭曲线，切点就是虚实分界点。

作法：

（1）以公共对称平面 P 作为辅助截面，可以作出正面投影轮廓线上的公共

第八节　两曲面立体相交

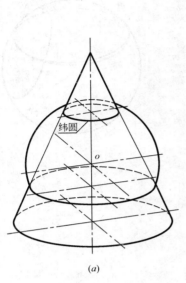

图 6-37　球面与锥面相交时相贯线的特点

点Ⅰ和Ⅱ的投影1、1'和2、2'。

除 P 面外，再不能用平行面去截两回转曲面于素线或纬圆，所以应该用球面为辅助面。

(2) 以两轴线交点 O 为球心，以 R 为半径作一个球——在投影图上，就是以 o' 为圆心、以 R 为半径作一个圆。连接这个圆与回转体正面投影轮廓线的两交点，得线段 $a'b'$。同样，连接这个圆与圆台正面投影轮廓线的两交点，得线段 $c'd'$。那么，线段 $a'b'$ 和 $c'd'$ 就是辅助球面分别与两个回转曲面相交所得的两个纬圆的投影。直线 $a'b'$ 和 $c'd'$ 的交点 $3'$（$4'$）就是这两个纬圆交点Ⅲ和Ⅳ的正面投影（左边的立体图是说明同属于一个辅助球面上的这两个纬圆相交的情况）。再画出以 $a'b'$ 为正面投影的纬圆的水平投影，并在其上定出Ⅲ和Ⅳ的水平投影3和4。

继续加半径不同的辅助球面，重复上面的作图过程，就可以求出足够数量的公共点。

(3) 把这些公共点的正面投影和水平投影分别用光滑的曲线连接起来，就得到了所求的相贯线。

在用辅助球面法求公共点时，辅助球面的大小有个范围，超出这个范围就求不出公共点了。一般地说，最大半径 R_m 是由两回转曲面投影轮廓线交点中距离球心最远的那点确定的；最小半径 R_n 是由与较大的回转曲面内切的球面确定的。

【例题 6-16】　给出一个主导管（圆柱面）和两个支导管（圆柱面和圆锥面）的正面投影，求作它们的相贯线（图 6-39）。

第六章 曲线、曲面

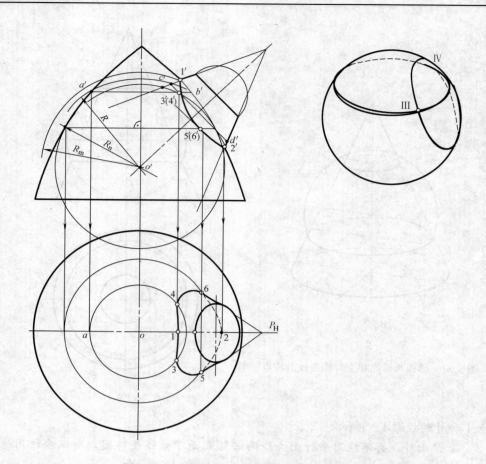

图 6-38 用辅助球面法求作两回转体的相贯线

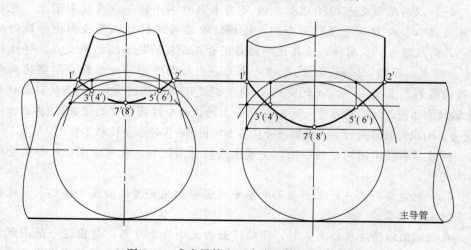

图 6-39 求主导管和两个支导管的相贯线

这里没有画出水平投影，事实上当所给各管的轴线是相交的且平行于正立面时，通常不需要画出水平投影。图中用辅助球面法求出了一些公共点，其中用最小球面求出的公共点是相贯线上的最低点。

三、两曲面立体相贯的特殊情况

两曲面立体的相贯线，在某些特殊情况下，可能是平面曲线。在前面辅助球面法的讨论中，我们已经提到一种特殊情况，即球面和任意回转面相交，若球心在此回转面的轴上，则其交线为圆周。下面再介绍两种常见的情况：

1. 两个直径相等的圆柱，在轴线正交的情况下，所得交线是两个相等的椭圆

这一情况的例题表明在图 6-40 中。由于所给两个圆柱的公共对称平面平行

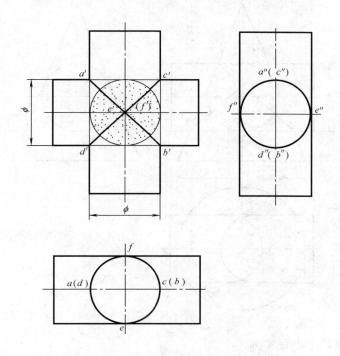

图 6-40　正交两圆柱公切一球面

于正面，所以这两个椭圆的正面投影是两段相交的直线 $a'b'$ 和 $c'd'$，但投影在 H 及 W 面上成为圆周。在轴线斜交的情况下，所得交线是两个不等的椭圆（短轴仍然等于圆柱的直径）。图 6-41 是这一情况的例题（图中只画出两相贯圆柱的正面投影）。

事实上，两个直径相等的圆柱，如果它们的轴线相交，那么，我们一定能够以两轴线的交点为球心，以圆柱的直径为直径作一个球面，公切于两个圆柱面。为此，上述情况的一般说法如下：

若两圆柱面公切一个球面相交，

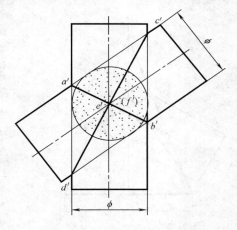

图 6-41　斜交两圆柱公切一球面

则它们的交线是两个椭圆。当公共对称平面平行于正面时,这两个椭圆的正面投影是两段相交的直线。

2. 若圆柱和圆锥公切一个球面相交,则它们的交线是两个椭圆

图 6-42 和图 6-43 是两个例题。前者轴线正交,所得交线是两个相等的椭圆;后者轴线斜交,所得交线是两个不等的椭圆。由于公共对称平面平行于正面,所以两个椭圆的正面投影是两段相交的直线 $a'b'$ 和 $c'd'$。

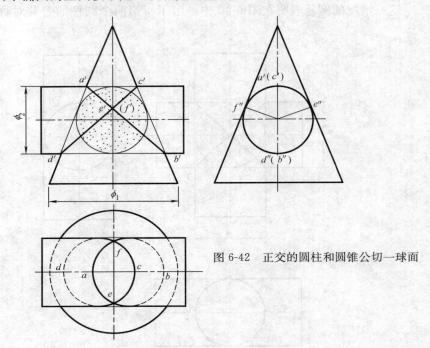

图 6-42 正交的圆柱和圆锥公切一球面

下面举出两个工程实例。

【**例题 6-17**】 求作图 6-44（a）所示的大、小两圆柱导管的接管及其表面交线。

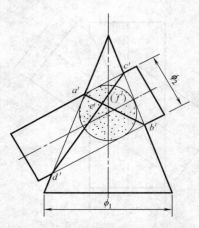

图 6-43 斜交的圆柱和圆锥公切一球面

由所给条件可知,两大、小圆柱导管的轴线均为铅垂线,并且位在同一正平面上（即公共对称平面平行于正面）,要使接管逐渐地由大圆柱导管过渡到小圆柱导管,应该采用圆锥面作为接管。为此,首先作出各导管的内切球面（各球面中心的正面投影为 o'_1、o'_2,图中已经给出,所以分别以 o'_1 和 o'_2 为圆心作圆与导管的正面投影轮廓素线相切,就表示在空间作球面与导管相切）,再作出圆锥面接管与这两个球面相切,就不难画出所求接管与两导管交线的投影。

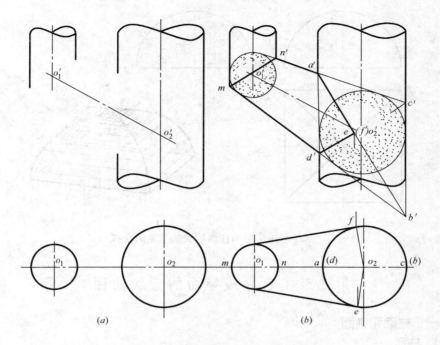

图 6-44　求作两圆柱的接管及表面交线

图 6-44（b）中标出的线段 $n'm'$，是接管与小导管的交线（一个椭圆）的正面投影。而线段 $a'e'(f')$ 和 $d'e'(f')$（两个部分椭圆），是接管与大导管的交线的正面投影。

【例题 6-18】　求作图 6-45 所示两个由圆柱面组成的屋顶的交线。

两图中给出的屋顶是由直径相等、轴线正交的两个半圆柱面组成的。它们的交线是两个相等的半椭圆，投影在 H 面上都是屋顶水平投影轮廓线——正方形的两条互相垂直的对角线。

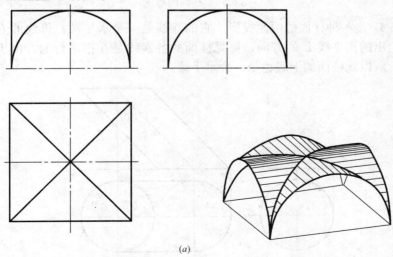

图 6-45　求作两正交半圆柱面组成的屋顶的交线（一）

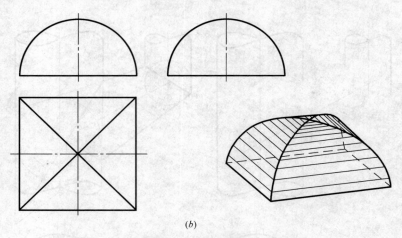

(b)

图 6-45　求作两正交半圆柱面组成的屋顶的交线（二）

第九节　有导线导面的直纹曲面

一、柱面和锥面

1. 柱面

一直线沿着一曲线滑动，并始终平行于另一固定的直线，所形成的曲面叫做柱面（图 6-46）。

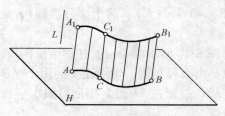

图 6-46　柱面的形成

图 6-47 是一种柱面的两面投影。它的导线是一个水平圆。母线的方向平行于图中给出的正平线 L 的方向，可见柱面的各素线是互相平行的。由于取母线为定长，所以此柱面的上底也是一个水平圆。

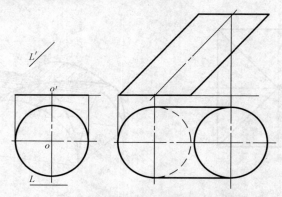

图 6-47　柱面的表示法

柱面在建筑工程中，有着广泛的应用。图 6-48 表示了一个用柱面构成的壳体建筑。

2. 锥面

一直线沿着一曲线滑动，并始终通过一固定的点，所形成的曲面叫做锥面（图 6-49）。

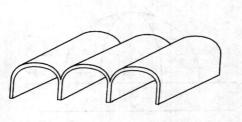

图 6-48　用柱面构成的壳体建筑　　　图 6-49　锥面的形成

图 6-50 是一种锥面的两面投影。它的导线也是一个水平圆。锥顶就是那个固定的点，可见锥面各素线是相交于一点的。如果把锥顶移到无限远处，则锥面就转化成柱面；可见柱面是锥面的特殊情况。

锥面在建筑工程中，也有着广泛的应用。图 6-51 表示了一个用锥面构成的壳体建筑。

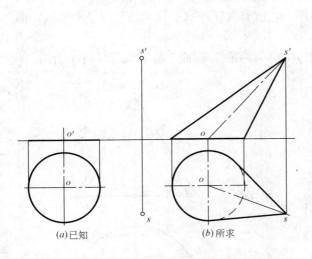

图 6-50　锥面的表示法　　　图 6-51　用锥面构成的壳体建筑

二、柱状面和锥状面

1. 柱状面

一直线沿着两条曲线滑动，并始终平行于一个平面，这样形成的曲面叫做柱状面。

图 6-52 所示的柱状面，母线是 AD，曲导线是 ABC 和 DEF，导平面是铅垂

面 P。柱状面的所有素线 AD、BE、CF……都平行于导平面 P，所以各素线的水平投影 ad、be、cf……都平行于 P_H。

图 6-53 是柱状面应用于拱门上的实例。可以看出：导线应为拱口曲线（一为半圆，一为半椭圆），导面应为水平面。

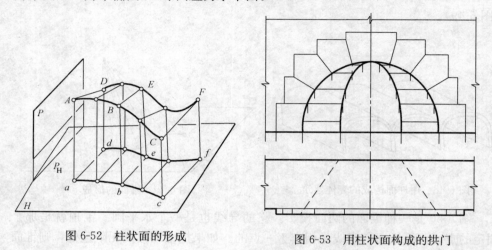

图 6-52 柱状面的形成　　　　图 6-53 用柱状面构成的拱门

2. 锥状面

一直线沿着一条曲线和一条直线滑动，并始终平行于一个平面，这样形成的曲面叫做锥状面。

图 6-54 所示的锥状面，直导线 AB 垂直于正立面，曲导线是一个水平圆，而导平面为正平面。表现在投影图上，所有素线的水平投影均平行于 OX 轴，而正面投影集中于一点 $a'(b')$。

图 6-55 是锥状面作为厂房屋顶的一个实例。屋面上的素线都平行于山墙。

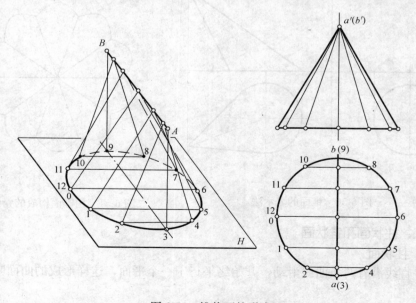

图 6-54 锥状面的形成

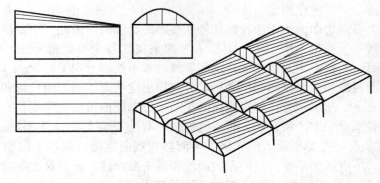

图 6-55 用锥状面构成的屋顶

三、双曲抛物面

当一条直线沿着两条交错的直线滑动，并始终平行于一个平面时，可以形成双曲抛物面。

如图 6-56 所示，以交错二直线 AB 和 CD 为导线，以 AD 直线（或 BC 直线）为母线，平面 P 为导面（$AD/\!/P$），即可形成双曲抛物面。如果把上述的导线和母线互相调换一下，也就是说把 AD 和 BC 当作导线，把 AB（或 CD）当做母线，以 Q 平面为导面（$AB/\!/Q$），那么也可以形成同样一个双曲抛物面。这也就说明：双曲抛物面也像单叶回转双曲面那样，有两族素线，而且第一族的每条素线必同第二族的所有素线相交，而同一族的任何两条素线必定交错。

现在说明一下双曲抛物面的投影图的画法。

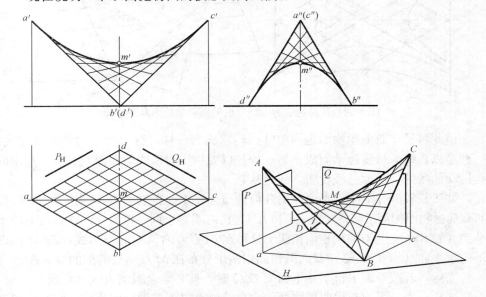

图 6-56 用直线为母线形成的双曲抛物面及其投影

首先画出母线、导线和导面的投影。母线和导线 AB、BC、CD、DA 四条直线的水平投影恰巧形成一个菱形 $abcd$。导面 P、Q 的水平投影 P_H、Q_H 与菱形的对应边平行。从母线和导线的正面投影以及侧面投影上可以看出：A（a'、

a'')、C（c_1'、c''）两点翘起、B（b'、b''）、D（$d'd''$）两点落地。

其次，要画出曲面的正面投影和侧面投影的轮廓线。为此，需要画出曲面上的两族素线——先把 AB、BC、CD、DA 四条线的各个投影都分成八等份，再画素线。每一族都画出九条素线，这些素线的水平投影分别平行 P_H、Q_H。当把它们的正面投影和侧面投影画出之后，分别作出这些素线的正面投影和侧面投影的包络线 $a'm'c'$ 和 $b''m''d''$，就得曲面的正面投影和侧面投影轮廓线。

曲面轮廓线 AMC 和 BMD 都是抛物线，M 点是它们的公共顶点。事实上，如果过 M 点作一个侧平面，那么这个平面必与双曲抛物面相截于抛物线 BMD。不仅如此，所有的侧平面与双曲抛物面都相截于抛物线，而且这些抛物线都等于 BMD，只是顶点落在抛物线 AMC 的不同位置上。

这就不难看出：当抛物线 BMD 的顶点 M 沿着抛物线 AMC 滑动时，抛物线 BMD 本身平行移动也同样会形成双曲抛物面（图 6-57）。

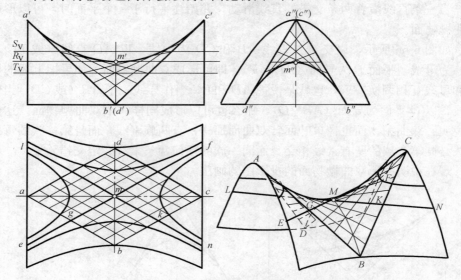

图 6-57　用抛物线为母线形成的双曲抛物面及其投影

由此可见，双曲抛物面也同单叶回转双曲面一样，有两种不同的形成方式：一种是以直线为母线运动而成，另一种是以抛物线为母线运动而成。至于控制母线运动的条件，前面已经说明，此处从略。

如图 6-57 所示，双曲抛物面的几何性质还在于：当水平面 R 通过顶点 M 时，与双曲抛物面相截于两条素线 EF 和 LN（它们不属于同一族）；而 M 点以上的水平面（如 S），必与双曲抛物面相截于分布在 M 点左右两侧的双曲线；而 M 点以下的水平面（如 T），必与双曲抛物面相截于分布在 M 点前后两侧的双曲线。

当然，若截平面平行于导平面 P 或 Q 时，就一定会截出直线（素线）。

这样一来，平面与双曲抛物面的截交线就有以下三种：抛物线、双曲线和直线。而无论如何都截不出圆和椭圆。原因很简单，因为任何位置的平面与双曲抛物面不能交于一个闭合的曲线。

双曲抛物面通常用于屋面结构中。图 6-58 所表示的厂房的屋面，每一个单元都是由四块双曲抛物面组成的。对照前面的立体图，可以看出它在双曲抛物面

第九节 有导线导面的直纹曲面

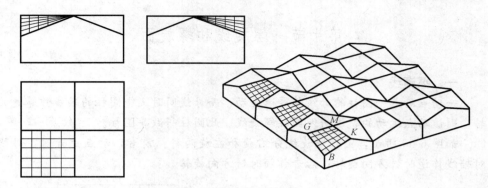

图 6-58 用双曲抛物面构成的屋顶

上的部位近似于图中标出的 BGMK 的地位。

图 6-59 所示建筑物的屋顶也是双曲抛物面，周围是椭圆柱面。因为椭圆柱的水平投影有积聚性，所以交线的水平投影是已知的。问题在于求交线的正面投影。图中水平投影标定了八个点，它们的正面投影是用素线上定点的办法作出的。

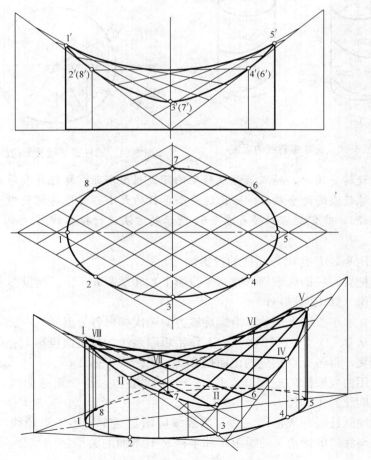

图 6-59 用双曲抛物面构成的马鞍形屋顶

第十节 螺旋线和螺旋面

一、螺旋线

一动点沿着一圆柱的母线作等速运动，而母线同时又绕圆柱的轴线作等速旋转，则该动点运动的轨迹叫做圆柱螺旋线。此圆柱叫做导圆柱。

如图 6-60 所示，圆柱螺旋线分右旋和左旋两种：前者，动点上升时，母线对轴线作逆时针方向旋转；后者作顺时针方向旋转。

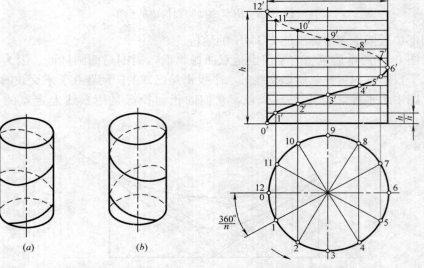

图 6-60　圆柱螺旋线的形成　　　　图 6-61　圆柱螺旋线投影图的画法

母线旋转一周时，动点沿母线移动的距离叫做螺距。螺距 h 和导圆柱的半径 R 是确定螺旋线的两个参数。给出这两个参数的大小，再根据螺旋线的方向（譬如是右螺旋），我们就可以按着图 6-61 所示的方法进行投影作图。

作法：

（1）用半径 R 作出导圆柱的投影；

（2）把导圆柱的底圆周（在水平投影上）和螺距 h（在正面投影上）分成同样多的等份（如 12 等份）；

（3）在水平投影上用数字沿螺旋线方向顺次标出各分点 0、1、2……12；

（4）从 0、1、2……12 各点向上作铅垂联系线，与正面投影上相应等分的水平直线相交，得各分点相应的正面投影 0′、1′、2′……12′；

（5）用曲线圆滑的连接 0′、1′、2′……12′ 各点，得一正弦曲线，该曲线就是所作螺旋线的正面投影。

当把导圆柱展开成矩形之后，螺旋线应该是这个矩形的对角线（图 6-62）。这条斜线与底边的倾角 α 同螺距 h 和半径 R 有下面的关系：

$$\operatorname{tg}\alpha = \frac{h}{2\pi R}$$

第十节 螺旋线和螺旋面

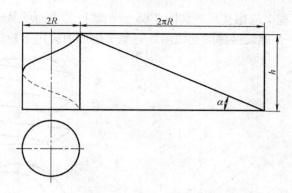

图 6-62 圆柱螺旋线的展开

这个 α 角就叫做螺旋线的升角。

二、螺旋面

一直线沿着圆柱螺旋线和圆柱轴线滑动，并始终与轴线相交成定角。这样形成的曲面叫做螺旋面。螺旋面分平、斜两种。平螺旋面的母线垂直于轴线，因此母线运动时始终平行于轴线所垂直的平面；当轴线为铅垂线时，那么水平面即为平螺旋面的导平面（参见图 6-63）。斜螺旋面的母线倾斜于轴成定角，因此母线在运动时始终平行于一个圆锥面，此圆锥面叫做导锥面（参见图 6-64）。

可见，螺旋面也是一种有导线的直纹曲面。

平螺旋面的作图比较简单，如图 6-63 所示。

下面分析斜螺旋面的画法（图 6-64）：

（1）根据导圆柱半径 R 及螺距 h，按图 6-62 的方法作出螺旋线；

（2）根据母线 A_0B_0 的与轴线的倾角 φ，画出它的正面投影 $a_0'b_0'$；

（3）在轴上自 b_0' 点向上将螺距 h 分成 12 等份（与导圆柱的份数相等），并注出各分点 b_1'、b_2'……b_{12}'；

（4）连 $a_0'b_0'$、$a_1'b_1'$、$a_2'b_2'$……即为各素线的投影；

（5）在正投影上作出各素线的包络线，即为斜螺旋面的投影轮廓线。

如果用一个水平面截割斜螺旋面，那么所得的交线为一阿基米德涡线（用素线法作图）。

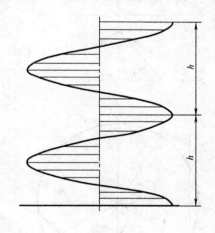

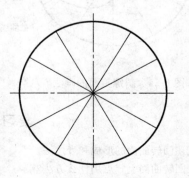

图 6-63 平螺旋面的画法

螺旋面在工程上应用甚广,如图 6-65 所示螺杆的表面就是斜螺旋面。

图 6-66 是一个螺旋楼梯的立面图,它是平螺旋面应用于建筑工程上的例子。

图 6-65 用斜螺旋面构成的螺杆

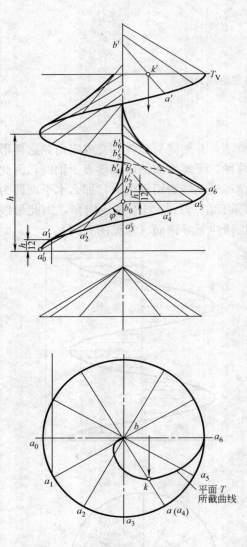

图 6-64 斜螺旋面的画法

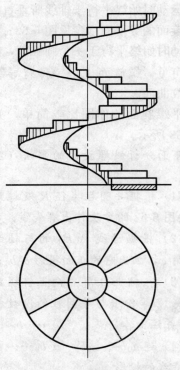

图 6-66 用平螺旋面构成的楼梯

复习思考题

1. 试述回转曲面的形成和表示法。
2. 在回转曲面上定点用什么方法?
3. 试述单叶回转双曲面的两种形成方式。

4. 怎样过曲面上一点作曲面的切平面？
5. 怎样求平面与曲面立体的截交线？
6. 平面与圆锥面或圆柱面的截交线有哪几种？如何去截？
7. 试述直线与曲面立体的贯穿点的作法。
8. 平面立体与曲面立体的相贯线有何特性？怎样求作？
9. 两曲面立体的相贯线有何特性？怎样求作？
10. 两曲面立体满足何种条件可以用球面为辅助面去求作相贯线？
11. 什么叫有导线导面的直纹曲面？
12. 试比较柱面和柱状面、锥面和锥状面的区别。
13. 试述双曲抛物面的两种形成方式。
14. 怎样绘制圆柱螺旋线的投影图？
15. 怎样绘制斜螺旋面的投影图？

第七章 表面展开

把立体的表面连续地重合在一个平面上,叫做展开,所得的图形叫做展开图。用薄片材料如钢板、铁片、纸板等制作空心体时,展开图是下料的主要根据。

第一节 平面立体的表面展开

平面立体的表面都是平面多边形,这些平面多边形的展开图上都反映实形。因此,求作平面立体的展开图,归根到底是求作组成平面立体的各个棱面的实形。

一、棱柱

1. 直棱柱

因为直棱柱的各个棱面均为长方形,所以只要知道它的高度和底面的实形,就能作出它的展开图。如图 7-1 所示,在一条直线上,截 $A_0B_0=ab$、$B_0C_0=bc$ 和 $C_0A_0=ca$,并从 A_0、B_0 和 C_0 向上作垂线,取高度为三棱柱的高度(从正面投影上直接量取),作出三个连续的长方形,就是三棱柱棱面的展开图。

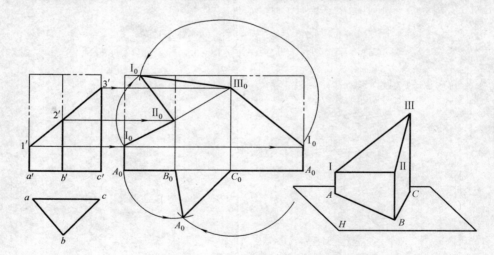

图 7-1 求作直三棱柱的展开图

如果用一斜截面将直三棱柱的上面截掉,那么长方形的棱面就变成直角梯形的棱面了;在展开图上,直角梯形的顶点 I_0、II_0 和 III_0 的位置是根据正面投影上 $1'$、$2'$ 和 $3'$ 的高度确定的。

在棱面的展开图上,根据底边的实长和截交线各边的实长,还可以画出底面的实形与截断面的实形,这样就得到了以截断面为上底的截头棱柱的完整展开图。❶ 如果用透明纸把得到的展开图，描绘并剪下来，那么就可作出像图 7-1 右边所表示的那个空心体。

2. 斜棱柱

作斜棱柱的棱面展开图（图 7-2），最常用的作法是滚转法。它的作图原理不是别的，就是第四章所述绕平行线的旋转法。我们来分析用字母 $ABCD$ 标出的棱面实形的求法。由于已知的斜三棱柱平行于 V 面，所以可取棱线 AC 为旋转轴，把棱面 $ABCD$ 旋转，直到平行于 V 面，而求得此棱面的实形。具体作法如下：

(1) 过 b' 作直线 $b'b'_1 \perp a'c'$；
(2) 以 a' 为中心，以 ab 长为半径作圆弧，与直线 $b'b'_1$ 相交于 b'_1 点；
(3) 过 d' 作直线 $d'd'_1 \perp a'c'$；
(4) 过 b'_1 作直线 $b'_1 d'_1 // a'c'$，与 $d'd'_1$ 相交于 d'_1 点。

平行四边形 $a'c'd'_1b'_1$ 即为所求的实形。

当用同样办法作出另外两个棱面的实形以后，就得已知斜三棱柱的侧面展开图。图中还用箭头表明了把棱面 $ABCD$ 上一已知点 N 移到展开图上的方法。

必须指出，上述例题所给棱柱是平行于一个投影面的，所以能直接用滚转法。如果所给棱柱不平行任何一个投影面，这时就需要先用换面法使所给棱柱在新体系中平行于一个投影面，然后再运用滚转法。

3. 同坡屋顶

对于同坡屋顶这种平面立体，通常用旋转法来求作展开图，即把各个屋面绕它自己的水平屋檐旋转，直到平行于水平面。例如图 7-3 所示屋面 DEC（$\perp V$）的实形就是以 DE 为轴旋转而求出的。当求出了屋面 DEC 的实形 dec_1 以后，就可以绕 AD 轴旋转求出屋面 $ABCD$ 的实形 ab_2c_2d，图中 c_2 点的求法是：以 d 为圆心、以 dc_1 为半径作圆弧，与过 c 点引向 ad 的垂线相交而得。

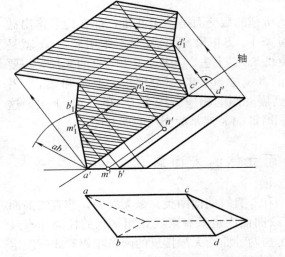
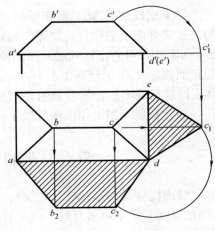

图 7-2 求作斜三棱柱的展开图 　　图 7-3 求作同坡屋顶的展开图

---

❶ 完整展开图和棱面展开图的区别是：前者包括了立体的上、下底面，后者则不包括。

二、棱锥

因为棱锥的各个棱面均为三角形，所以作棱锥的展开图，实际上是求各三角形的实形。因此，这种方法通常叫做"三角形法"。为作出各棱面的实形，需要求出各棱线的实长。而求实长的方法可以用旋转法或直角三角形法。图7-4给出了一个三棱锥 $S\text{-}ABC$，因为题设条件锥底$\triangle ABC // H$面，所以水平投影$\triangle abc$反映实形；又棱线$SA // V$面，所以它的正面投影$s'a'$反映实长。这样，只要再求出棱线SB和SC的实长，就可连续地作出已知棱锥各个棱面的实形。为此，用旋转法，把SB和SC旋转成正平线SB_1和SC_1，求得实长$s'b_1'$和$s'c_1'$。这样一来，我们就可以根据所求各棱线的实长画出图右所示的展开图。

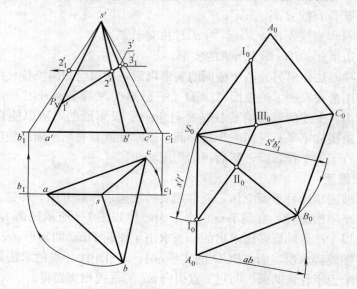

图7-4 求作三棱锥的展开图

如果三棱锥$S\text{-}ABC$被正垂面P所截的截交面是$\triangle\text{I II III}$，那么为了作出截交线在展开图上的位置，就需要确定$S\text{I}$、$S\text{II}$和$S\text{III}$的实长。很明显，$s'1'$就是$S\text{I}$的实长，可直接移到展开图的棱线S_0A_0上去。为求$S\text{II}$和$S\text{III}$的实长，需要过正面投影$2'$和$3'$分别作水平方向的直线与$s'b_1'$和$s'c_1'$分别相交于$2_1'$和$3_1'$，$s'2_1'$和$s'3_1'$就反映实长，然后就可以移到展开图的相应棱线S_0B_0和S_0C_0上去。这样一来，在展开图上作出的折线$\text{I}_0\text{II}_0\text{III}_0\text{I}_0$就是截交线的展开图。

第二节　曲面立体的表面展开

曲面按母线的形状可分直纹曲面和非直纹曲面两类。毫无疑问，非直纹曲面（例如球面）是不可展开的。但是直纹曲面中也只有素线互相平行的柱面和素线相交于一点的锥面才可以展开。因为这两种曲面无限接近的两条相邻素线所决定的曲面部分，可以看做是一个平面，而整体曲面可以看做是无限多个这样平面的总和。柱状面和锥状面就不能这样看，因为它们的素线都是交错的，两相邻素线不能决定一个平面。

因此，从可展与否来说，可以把曲面分成可展曲面和不可展曲面两类。下面分别讨论每一种曲面的展开方法。

一、可展曲面

1. 柱面和锥面

柱面可以看做是底边为无限多的内接棱柱的极限；而锥面可以看做是底边为无限多的内接棱锥的极限。这两种曲面展开的一般方法是：先作一个内接的相应的棱柱或棱锥，其底面的边数至少应不少于8或12❶，然后展开之。

图7-5所示的斜柱面和图7-6所示的斜锥面就是这样展开的。前者作了一个内接的底面为正八边形的斜棱柱，再用滚转法展开之。后者作了一个内接的底面为正十二边形的斜棱锥，再用"三角形"法展开之。两图中都只画出所求展开图对称的一半。

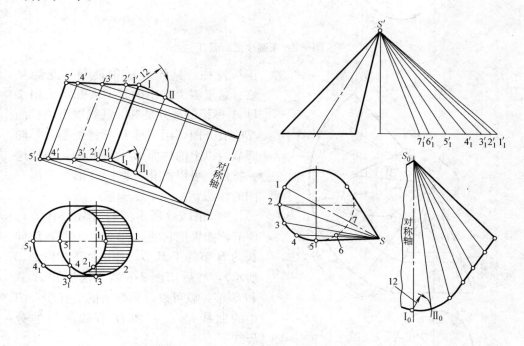

图7-5 求作斜柱面的展开图　　图7-6 求作斜锥面的展开图

2. 正圆柱和正圆锥

正圆柱的侧面展开图是一个长方形，它的高等于圆柱的高 h，宽等于圆柱底面的周长 πD（图7-7）。正圆锥的侧面展开图是一个扇形，它的半径等于圆锥母线的长度 l，弧长等于圆锥底圆的周长 πD，圆心角 φ 等于 $180° \times \dfrac{D}{l}$（图7-8）。

由此可见，正圆柱和正圆锥的展开图可以用计算法作出。但是如果它们带有斜截面，那么仍然需要用内接棱柱或内接棱锥而展开之。

图7-7表明一个带有椭圆截线的正圆柱的展开图的画法。图中作了一个内接

---

❶ 这样才能保证达到一定的精确度。

第七章　表面展开

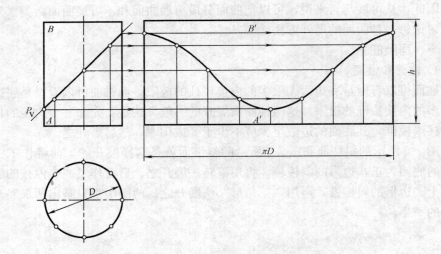

图 7-7　正圆柱面的展开

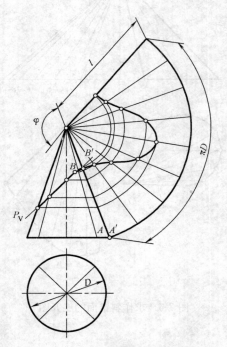

图 7-8　正圆锥面的展开

正八棱柱，具体作法很简单，此处从略。这里需要指出的是：展开图上用字母 A' 标记的部分是椭圆截线以下的柱面 A 的展开图，用字母 B' 标记的部分是椭圆截线以上的柱面 B 的展开图。根据这一特性，可以简化一些圆柱形弯头展开图的作法。

例如图 7-9 所示的两节弯头 A 节与 B 节，如果把它的 A 节伸长一些，使伸长的 B' 节等于 B 节（作法如图中圆弧 L 所示），然后用图 7-7 的方法展开 A 节和 B' 节，就可以得到弯头的展开图。图中的曲线是 A 节和 B 节两部分的分界线。

类似的情况还可以在正圆锥的展开图上看到。在图 7-8 中，当我们用内接正八棱锥的方法展开已知圆锥以后，可以看到，所得扇形被椭圆截线的展开曲线分成两部分：用字母 A' 标记的是锥面 A 的展开图，用字母 B' 标记的是锥面 B 的展开图。在作图 7-10 所示的两节圆锥形弯头的展开图时，也是把圆锥 A 伸延一个 $B'=B$（作法如图中圆弧 L 所示）。然而，伸延圆锥 A 能否得到 $B'=B$，这是有条件的，即圆锥 A 与圆锥 B 必须有相同锥度。这个条件可用下面的作图法来验证：以两圆锥轴线的交点为中心，以圆锥 B 的锥顶到所设中心的距离为半径，作一个圆弧，看它是否通过圆锥 A 的锥顶。如果通过，就表示相同锥度；否则，就表示不同锥度。

第二节 曲面立体的表面展开

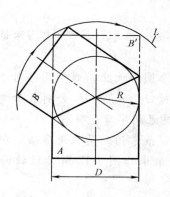

图 7-9　圆柱形弯头
展开法分析

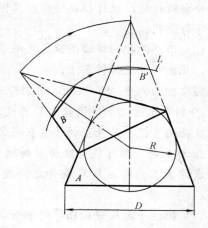

图 7-10　圆锥形弯头
展开法分析

二、不可展曲面

1. 曲线回转面。具有曲母线的回转曲面的展开图，只能近似地去作，一般的方法是：把曲面分成几个小部分，并使得每一小部分的形状接近于柱面或锥面，然后展开之。

例如图 7-11（a）所示的回转曲面，可用两种方法进行展开：

（1）沿素线把回转曲面分成几个相等的小部分，把每小部分都当做柱面来展开，此法叫做近似柱面法。

图中把曲面分成了十二等份。因为每一份的展开图都相同，所以只要把作出

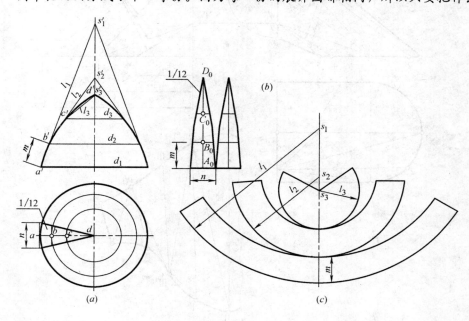

图 7-11　求作回转曲面的展开图

的一份当做样板,就可以接连画出其他几份。这份样板的作法在图 7-11(b) 中已用字母表明。

(2) 沿纬圆把回转曲面分成几个带形的小部分,把每一小部分都当做锥面来展开,此法叫做近似锥面法。

图中把曲面分成了三份,它们分别位在三个圆锥面上。我们用字母 l_1、l_2 和 l_3 分别表示这三个圆锥母线的长度,再用字母 d_1、d_2 和 d_3 分别表示这三个圆锥底面的直径。展开图的作法在图 7-11(c) 中已用字母表明。

2. 柱状面。不可展直纹曲面的近似展开法,最常用的是三角形法,即把曲面分成许多三角形,然后展开之。我们用此法来求作图 7-12 所示柱状面的展开图:

(1) 把两导圆周分成相等的等份(图中分了八份),并过各分点作素线,如 Ⅰ-Ⅰ$_1$、Ⅱ-Ⅱ$_1$、Ⅲ-Ⅲ$_1$……,得八个四边形(注意:这些素线的正面投影都反映实长)。

(2) 再作每个四边形的对角线,如 Ⅰ-Ⅱ$_1$、Ⅱ$_1$-Ⅲ……,得十六个三角形。

(3) 确定各对角线 Ⅰ-Ⅱ$_1$、Ⅱ$_1$-Ⅲ……的实长(以对角线的水平投影为一直角边,以对角线两端点的高度差为另一直角边,作直角三角形)。

(4) 用对角线的实长、素线的实长和底边的实长,连续地作十六个三角形,并用曲线连接各三角形的顶点,即得所求的展开图(图中只画出对称的一半)。

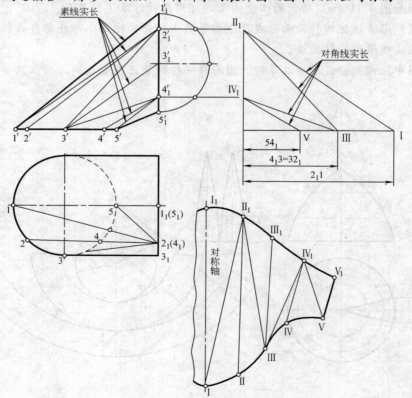

图 7-12 用三角形法求作柱状面的展开图

第三节 过渡面的展开

在导管设计中，用来连接两根管子的接管，其表面一般叫做过渡面。过渡面的形状因被连接的管子的断面形状不同而不同。在作过渡面时，为了从一管逐渐地过渡到另一管，必须保证连接处的形状要一致。为此，如果已知两个大小不同、轴线平行的方管，那么它们的接管应该是棱台（图 7-13）；如果是两圆管，那么接管应该是锥台（图 7-14）；如果上为圆管、下为方管（俗称天圆地方），那么它们的接管应该是平面和曲面的综合。例如图 7-15 中所示的过渡面，为了保证接管上部分是圆的，下部分是方的，我们用直线把圆周上的左、右、前、后四点（1、2、3、4）和正方形上的四顶点（a、b、c、d）连接起来，得四个三角形 $a1b$、$b2c$、$c3d$、$d4a$ 和四个锥面 $a41$、$b12$、$c23$、$d34$。显然每一锥面和相邻的两个三角形是相切的。弄清楚接管表面的特性并作出这些接管以后，我们就不难作出它们的展开图；对于图 7-13 所示接管应该用旋转法；

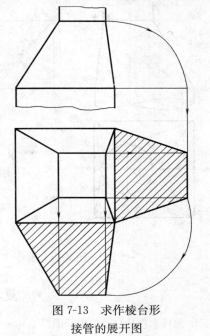

图 7-13 求作棱台形接管的展开图

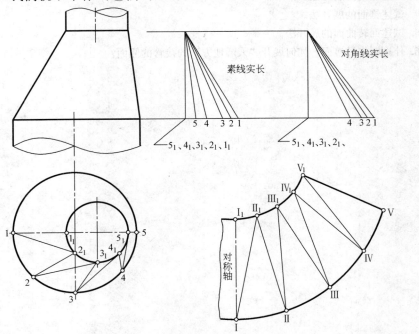

图 7-14 求作锥台形接管的展开图

第七章　表面展开

对于图 7-14 和图 7-15 应该用三角形法。因为题设条件各接管均有一个对称平面（平行于 V 面），所以在图中只画出它们展开图的一半。具体作法请读者自己分析。

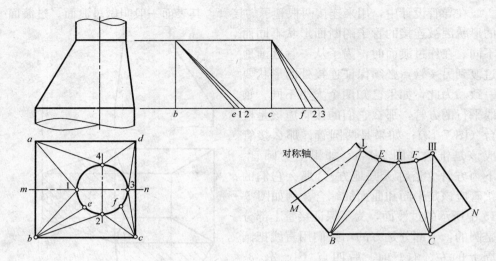

图 7-15　求作"天圆地方"接管的展开图

复习思考题

1. 怎样求作棱柱面的展开图？
2. 怎样求作棱锥面的展开图？
3. 试述柱面的展开法。
4. 试述锥面的展开法。
5. 试述回转曲面的展开法。
6. 什么叫作过渡面，如何展开"天圆地方"的接管的侧面？

第八章 轴测投影

三面投影图可以比较全面地表示空间物体的形状和大小。但是这种图立体感较差，有时不容易看懂。图 8-1 (a) 是盥洗池的两面投影，如果把它画成图 8-1 (b) 的形式，就比较容易看懂。这种图是用轴测投影的方法画出来的，叫作轴测投影图（简称轴测图）。前面我们看到的许多立体图都是轴测图。

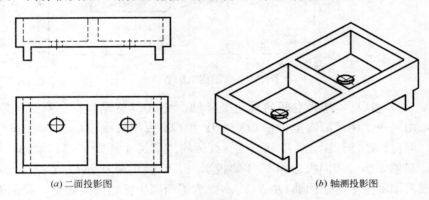

(a) 二面投影图　　　　　　　　(b) 轴测投影图

图 8-1　两种投影图的比较

事物总是一分为二的。轴测图的优点是富于立体感，但是它的缺点是不能直接地反映物体的真实形状和大小，所以多数情况下只能作为一种辅助图样，用来表达某些建筑构配件的整体形状和建筑节点的搭接情况等。

轴测投影分为斜轴测投影和正轴测投影两种。下面分别介绍这两种轴测图的形成、特点和画法。

第一节　斜轴测投影

一、斜轴测图的形成和特性

如图 8-2 所示，一块平放着的红砖（长方体），它的正面平行于投影面 V。把此红砖向 V 面作正投影，所得投影图是一个长方形。它只能反映红砖的正面形状和大小，没有立体感。如果改变投影线 L 的方向，从红砖的左前上角向投影面 V 作斜投影，那么在 V 面上得到的投影图就能够同时反映出红砖的左、前、上三个方面的形状。这就是斜轴测投影图，简称斜轴测图。

比较正投影图和斜轴测图的投影条件，可以看出：物体与投影面 V 的相对位置不变，这是两者的共同点；不同的是前者投影线 L 的方向垂直于投影面 V，后者倾斜于投影面 V。

我们从红砖的一个角点 O，沿红砖的长、宽、高三个方向，分别引出三条直

第八章　轴测投影

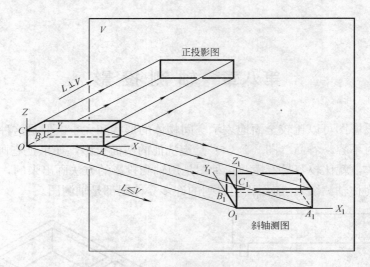

图 8-2　斜轴测图的形成

线 OX、OY 和 OZ，作为空间的直角坐标轴，交点 O 就是坐标原点。从原点 O 起始，用同一比例尺沿着坐标轴 OX、OY 和 OZ 去测量线段 OA、OB 和 OC 的长度，即得红砖的长度、宽度和高度（红砖的三个尺寸是 240×115×53，单位：mm）。显然，当红砖向投影面 V 作斜投影时，空间的坐标轴 O-XYZ 也跟着投影，成为轴测图上的坐标轴 O_1-$X_1Y_1Z_1$。为了与原坐标轴区别起见，我们把 O_1-$X_1Y_1Z_1$ 叫做轴测轴。在红砖的轴测图上同样可以测量出红砖的长度、宽度和高度。但是必须沿着轴测轴来测量。"轴测"两字的命名就是从这里来的，表示沿轴测量的意思。

画轴测图必须首先解决两个问题。

1. 确定轴测轴的方向

确定轴测轴的方向就是确定物体在轴测图上的长向、宽向和高向。分析图 8-2 可知：空间的三条坐标轴本来是互相垂直的，向投影面 V 作斜投影以后，由于 OX 和 OZ 与 V 面平行，所以夹角不变。也就是说轴间角（两轴之间的夹角）$\angle X_1O_1Z_1 = 90°$。而轴间角 $\angle X_1O_1Y_1$ 和 $\angle Z_1O_1Y_1$ 的大小均与 O_1Y_1 轴的方向有关。O_1Y_1 是 OY 在 V 面上的斜投影。O_1Y_1 的方向取决于投影线 L 的方向。为了作图简便起见，我们取 O_1Y_1 同水平线成 45°角，即轴间角 $\angle X_1O_1Y_1 = 135°$（也可以取 O_1Y_1 同水平线成 30°或 60°角）。这样一来，轴测轴的方向就用轴间角来确定了。

2. 确定轴测轴的比例

确定轴向比例，就是找到沿轴测轴测量长向、宽向和高向所用的比例尺。

毫无疑问，表示长度和高度的线段 OA 和 OC 投影以后，因为反映实长，即 $O_1A_1=OA$、$O_1C_1=OC$，所以比例尺不变。空间物体是多长，轴测图上也画多长；物体是多高，轴测图上也画多高。这可用比例 1∶1 表示。而表示宽度的线段 OB 投影以后，可以伸长或缩短，也可以相等。这要取决于投影线 L 的方向对

投影面 V 倾斜的角度。实用上考虑到作图的简便性和富于立体感，取 $O_1B_1 = \frac{1}{2}OB$，即比例为 1:2。这是一个缩小的比例，即轴测图上的宽度等于物体实际宽度的一半（某些情况也取 $O_1B_1 = OB$，即比例 1:1）。

有了轴间角和轴向比例，就可以给定轴测轴；而有了轴测轴就不难画出轴测图了。

图 8-3 给出了四种不同形式的斜轴测轴。用这四种斜轴测轴画出来的轴测图，正面均不变形，三个轴向比例中两个是相等的（都是 1:1），所以又叫做正面斜二等测图，简称斜二测图。

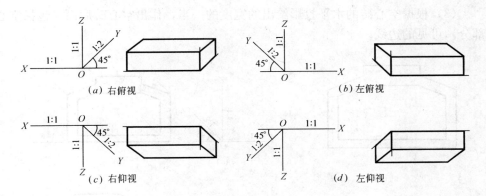

图 8-3 正面斜二测图的四种形式

如果我们用水平投影面 H 作为轴测投影面，把上述红砖向 H 面作斜投影，那么就得到图 8-4 所示的斜轴测图。此时斜轴测轴的轴间角 $\angle X_1O_1Y_1 = 90°$，O_1X_1 和 O_1Y_1 轴向的比例不改变（1:1）；只是表示高度的 O_1Z_1 轴的方向及比

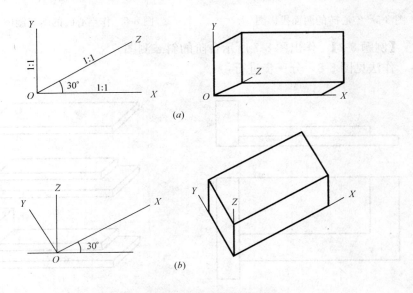

图 8-4 水平斜等测图的两种形式

第八章 轴测投影

例，随着投影方向的不同而起变化。实用上，常取 O_1Z_1 与 O_1X_1 轴成 30°、45° 或 60°角，轴向比例仍取 1：1。在这种斜轴测图上，物体的所有水平面的形状和大小均保持不变，三个轴向比例全相等（都是 1：1），所以叫做水平斜等测图。

二、画法举例

【例题 8-1】 作出图 8-5 所示空心砖的斜二测图。

作法见图 8-6，分三步进行：

（1）画出轴测轴；

（2）把空心砖的正面形状，按着它的正面投影画到坐标平面 XOZ 内，并引出各条宽度线；

（3）根据空心砖的水平投影给出的宽度的一半，作出空心砖后面（包括空心部分）可见的边线。

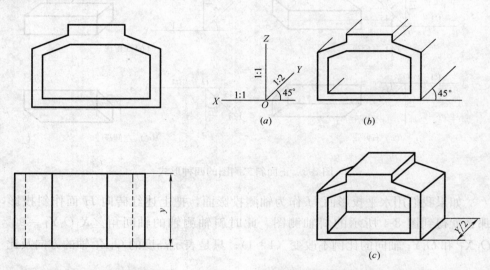

图 8-5 空心砖的两面投影图　　　　图 8-6 作空心砖的斜二测图

【例题 8-2】 作出图 8-7 所示台阶的斜二测图。

作法见图 8-8，分三步进行：

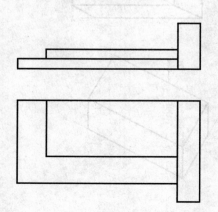
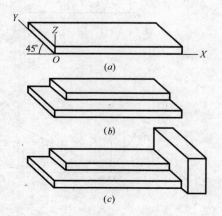

图 8-7 台阶的两面投影图　　　　图 8-8 作台阶的斜二测图

(1) 画出轴测轴，为了清楚地反映左面踏步的形状，把宽向轴画在左面与水平线成 45°；

(2) 作底层及上层踏步板的斜二测图；

(3) 在踏步板的右侧画出栏板的斜二测图。

【例题 8-3】 作出图 8-9 所示带切口圆柱体的斜二测图。

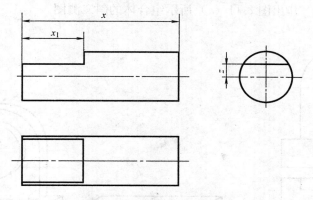

图 8-9 圆柱的三面投影图

所给圆柱体的两底面平行于侧立投影面。为使底圆不变形，应把底面从侧立面方向转到正立面方向，即把长向看作宽向。

作图分五步进行（图 8-10）：

(1) 画出轴测轴（这里，让长向轴与水平线成 60°角），根据圆柱体长度 x 的一半，定出两底圆的圆心，并根据底圆直径的尺寸画出左右两底圆；

(2) 画出圆柱体的轮廓线，即两底圆的两条公切线；

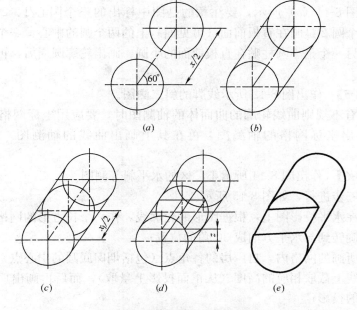

图 8-10 作圆柱的斜二测图

(3) 根据正面投影上切口长度的一半，定出切口上圆截面的位置，并画出这个圆；

(4) 根据侧面投影上切口距离轴线的尺寸，画出切口上矩形截面的轴测图（在图上变形为平行四边形）；

(5) 擦去不可见部分，即得所求的斜二测图。

【例题 8-4】 作出图 8-11 (a) 所示组合体的斜二测图。

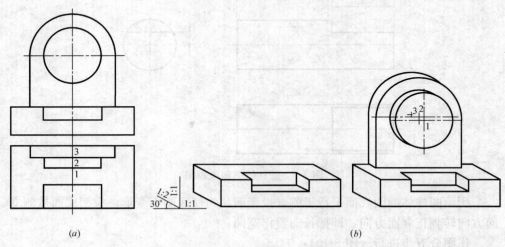

图 8-11　作组合体的斜二测图

分析此组合体的两面图，可知它由两部分组成。底部是一个长方体板块，前面中间挖去一个踏步；上部直立着一块顶部带着半圆柱体的板块，在板块前面贴着一块圆柱体，两个圆柱体均同轴且垂直于 V 面。

作法如图 8-11 (b) 所示，要注意的是图中标出的三个圆心 1、2 和 3 的定位，中间那个圆 2 是画在直板前面（可见面）上的两个圆的中心：一个是直板顶部的半圆，另一个是小圆柱贴在直板前面的小圆。画出轮廓圆周后，再画出所需要的公切线。

【例题 8-5】 作出图 8-12 所示线脚的斜二测图。

绘制具有不规则曲线轮廓的曲面体的轴测图时，要应用坐标网格定出曲线位置。先画出坐标网格的轴测图，再在其上画出曲线的轴测图。画法见图 8-13。

【例题 8-6】 作出图 8-14 所示小厂区的水平斜等测图。

作图分三步进行，如图 8-15 所示。

(1) 先在水平投影图上，根据图形的轮廓线，作一个长方形的网格，再把此网格的长向旋转到与水平方向成 30°角的位置；

(2) 在所画的网格内，自厂房的各角点（包括烟囱底圆的中心点）向上引垂线，并在垂线上截取相应的高度（从正面投影上量取），而后再画出厂房（包括烟囱）顶面的投影；

(3) 加深可见轮廓线，并擦去多余的辅助线。

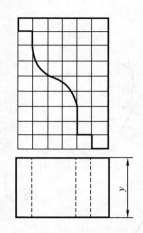 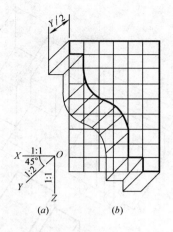 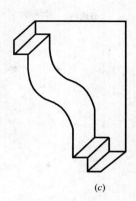

图 8-12　线脚的两面投影图　　　　　　图 8-13　作线脚的斜二测图

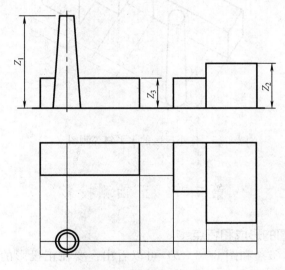

图 8-14　小厂区的两面投影图

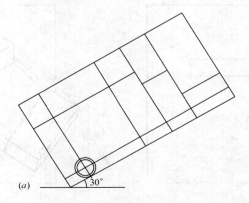

图 8-15　作小厂区的水平斜等测图（一）

第八章 轴测投影

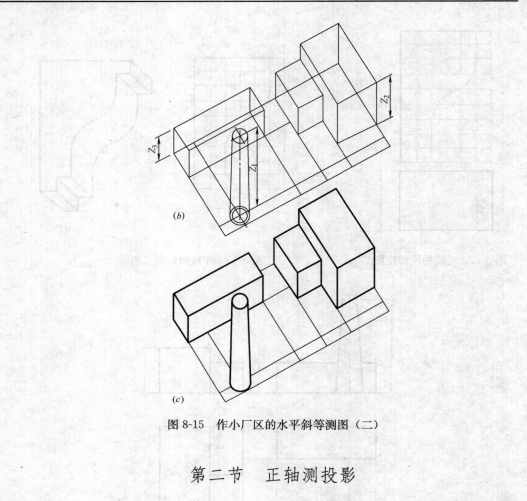

图 8-15 作小厂区的水平斜等测图（二）

第二节 正轴测投影

一、正轴测图的形成和特点

比较图 8-16（a）和图 8-16（b）可以看出：要在正投影的条件下，使红砖在投影面 V 上的投影具有立体感，只有改变物体对投影面 V 的相对位置，让坐

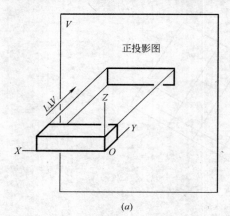
(a)

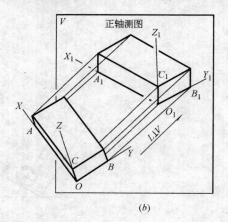
(b)

图 8-16 正轴测图的形成

标轴 O-XYZ 都倾斜于 V 面。这样得到的正投影图，就是正轴测图。

在正轴测图上，确定轴测轴 O_1-$X_1Y_1Z_1$ 方向的各轴间角都不会是 $90°$，而表示物体长度、宽度和高度的三条线段 O_1A_1、O_1B_1 和 O_1C_1 也都不等于实际尺寸，而是缩短了。这就是说，轴间角和轴向尺寸均发生了改变。至于改变程度如何，这要取决于物体对投影面的位置。或者说轴间角和轴向比例均取决于坐标轴与投影面倾斜的角度。

实用上考虑到作图的简便性，选坐标轴 O-XYZ 的三条轴与投影面 V 成相等的倾斜角度，这个角度约等于 $35°$（算出这个角度要用到解析几何的知识，这里从略）。在这样的条件下，正轴测图就具有以下特点：

(1) 三个轴间角都相等，并且等于 $120°$（图 8-17a）。一般规定把表示高向的轴 O_1Z_1 画成铅直位置，那么表示长向和宽向的两条轴 O_1X_1 和 O_1Y_1 必与水平线成 $30°$ 角。这样就可以利用丁字尺配合三角板画出轴测轴（图 8-17b）。

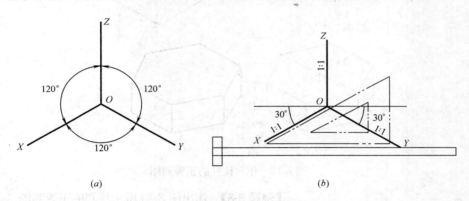

图 8-17 正等测图的轴间角和轴向比例

(2) 轴向比例都相等，即长度、宽度和高度均按同一个系数变形。它们是

$$O_1A_1 = \cos 35° \times OA = 0.82 OA$$
$$O_1B_1 = \cos 35° \times OB = 0.82 OB$$
$$O_1C_1 = \cos 35° \times OC = 0.82 OC$$

$\cos 35° = 0.82$ 叫变形系数。为作图简便起见，就取变形系数等于 1（称它是简化系数），即三个轴向比例均为 $1:1$（这样画出来的图就相当于把物体放大了 1.22 倍）。

因为我们采用的轴测轴，三个轴间角和三个轴向比例都相等，所以用它画出来的正轴测图又叫正等测图。

二、画法举例

【例题 8-7】 作出图 8-18 所示正六棱柱的正等测图。

正六棱柱上下底是水平面的正六边形，坐标原点应选在正六边形的中心上。

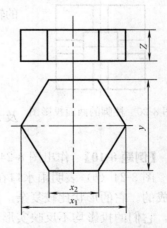

图 8-18 正六棱柱的两面投影图

画法见图 8-19，分四步进行：

(1) 画出轴测轴；

(2) 以原点为中心，根据正六棱柱水平投影中标出的尺寸，作出上底的轴测图；

(3) 从六边形各角点向下引垂线，并截取各垂线的长等于棱柱的高，画出下底可见部分的边线；

(4) 擦去多余线条，并加深可见棱线。

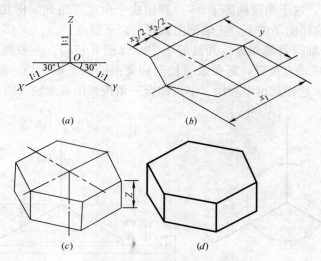

图 8-19　作六棱柱的正等测图

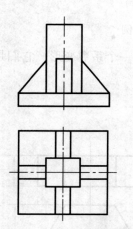

图 8-20　柱脚的两面投影图

【例题 8-8】　作出图 8-20 所示柱脚的正等测图。

柱脚是由六个基本形体组成的。先完成底板和柱身的轴测图，然后再加上四个相同的支承板的轴测图。

作法见图 8-21。

【例题 8-9】　作出图 8-22 所示屋顶的正等测图。

为画出屋脊角点Ⅰ、Ⅱ、Ⅲ，须先作出它们水平投影的轴测图，然后升高则得到它们在轴测图中的位置。

作图见图 8-23，分四步进行：

(1) 画出轴测轴；

(2) 作出屋顶水平投影的轴测图；

(3) 由轴测图中 1、2 与 3 点升高，截取高度 Z_1 及 Z_2，即得Ⅰ、Ⅱ和Ⅲ；

(4) 依次连线并加深，得屋顶的轴测图。

【例题 8-10】　作出图 8-24 (a) 所示的雨水口的正等测图。

图 8-24 (b) 表明雨水口在屋檐上的位置。这个雨水口都是由钢板（平面形）做成的。它的形状比较复杂。读图时应看清前面、后面和左上面三块钢板都是斜面，它们的投影均不反映实形。

图 8-25 表明雨水口的正等测图的画法，分四步进行：

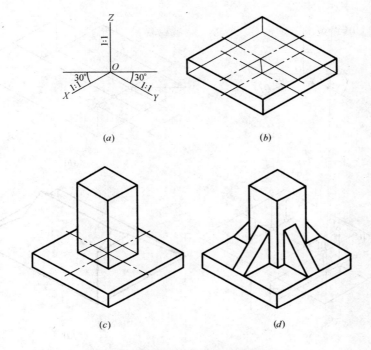

图 8-21 作柱脚的正等测图

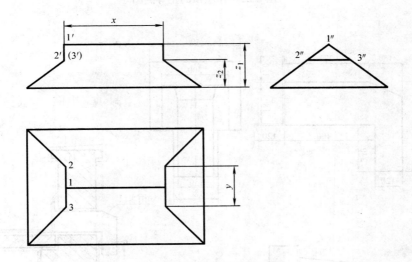

图 8-22 屋顶的三面投影图

（1）画出轴测轴，并根据水平投影和相应的长度、宽度等尺寸，画出雨水口的一个最大的底平面的轴测图；

（2）根据正面投影上的高度尺寸，画出这个底平面以上所有平面形的轴测图；

（3）根据高度尺寸，画出底平面以下部分的轴测图；

（4）加深可见轮廓线，并擦去其他辅助线。

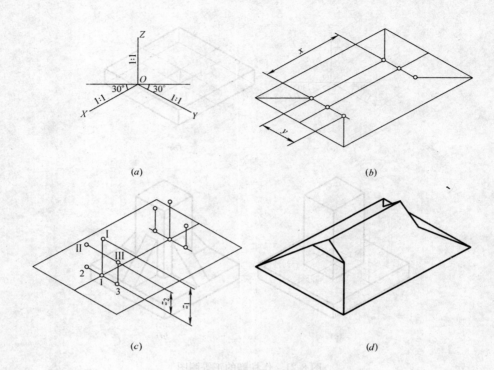

图 8-23 作屋顶的正等测图

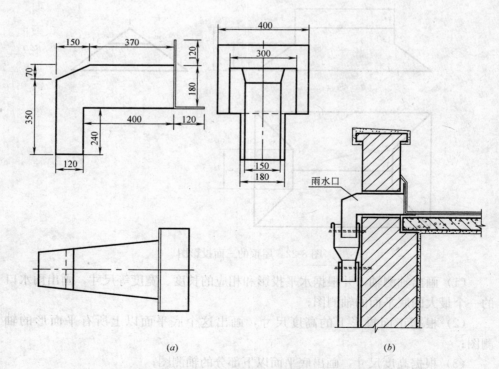

图 8-24 雨水口的三面投影图及其在屋檐上的位置

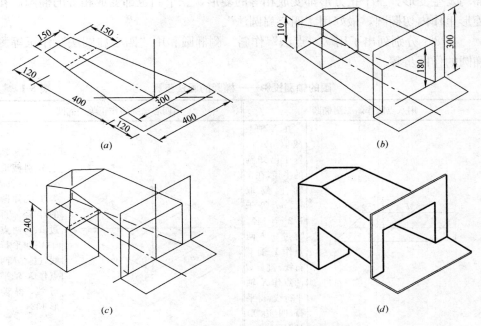

图 8-25 作雨水口的正等测图

第三节　圆的轴测投影

如图 8-26 所示，设一个边长等于 a 的立方体，在它的正面、侧面和顶面均有一个内切的圆。在此立方体的斜二测图中，因为正面不变形，所以正方形及其内切的圆均保持不变；而侧面和顶面都要变形；正方形变成平行四边形，圆变成椭圆。在平行四边形里作内切椭圆一般可用"八点法"。

同样地，如图 8-27 所示，在此立方体的正等测图中，因为正面、侧面和顶

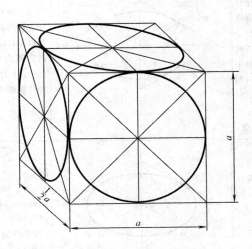

图 8-26　圆的斜二测图

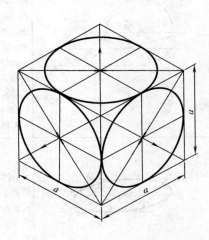

图 8-27　圆的正等测图

第八章 轴测投影

面均发生变形,三个正方形都变成相等的菱形,三个圆也都变成相等的椭圆。在菱形里作内切椭圆,最好用"四心扁圆法"。

表 8-1 分别列出了用"八点法"作斜二测椭圆和用"四心扁圆法"作正等测椭圆的作图步骤。

图的轴测投影——椭圆的画法步骤　　表 8-1

用八点法作斜二测椭圆		用四心扁圆法作正等测椭圆	
	在 X 轴上截取 ab、ob 等于已知圆的半径,在 Y 轴上截取 oc、od 等于 1/2 半径。再过 a、b 两点作 Y 轴平行线,过 c、d 两点作 X 轴平行线,得平行四边形 1324		在 X、Y 轴上分别截取 oa、ob、oc、od 等于已知圆的半径。再过 a、b 两点作 Y 轴平行线,过 c、d 两点作 X 轴平行线,得菱形 1324
	连对角线 12 和 34		连 1a 和 1d(或 2b 和 2c)与对角线 34 相交于 5、6 两点
	以 2d 为斜边作一个等腰直角三角形 2d5,并在 23 线上截取 d6、d7 等于 d5,过 6、7 两点作 Y 轴平行线,并与对角线 12、34 相交于 e、f、g、h 四个点		以 1 点为圆心,1a(或 1d)为半径作圆弧 ad,以 2 点为圆心,2b(或 2c)为半径作圆弧 bc
	用曲线光滑连接 a、h、c、g、b、f、d、e 八个点		以 5 点为圆心,5a(或 5c)为半径作圆弧 ac,以 6 点为圆心,6b(或 6d)为半径作圆弧 bd

在运用"八点法"或"四心扁圆法"画椭圆时，必须特别注意：①识别圆的方向，即所画的圆是正立圆还是侧立圆或是水平圆，从而弄清圆的两条中心线与哪两个轴向平行；②确定圆心的位置；③画出平行四边形或菱形，根据直径尺寸确定它的大小。然后才能按规定方法作出平行四边形或菱形的内切椭圆。

【例题 8-11】 作出图 8-28 所示圆柱的正等测图。

圆柱的上下底圆均为水平圆。图 8-29 表明了圆柱的正等测图的画法，分三步进行：

（1）画出轴测轴；

（2）根据柱高定出上下底圆的圆心在轴测图中的位置，然后分别用"四心扁圆法"作出椭圆；

（3）画出两椭圆的公切线，并加深圆柱的可见轮廓线。

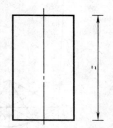

图 8-28 圆柱的两面投影图

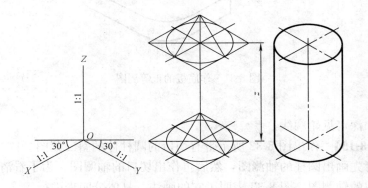

图 8-29 作圆柱的正等测图

【例题 8-12】 作出图 8-30 所示底板的正等测图。

底板上的圆角，实际上是四分之一圆弧，它的轴测图是四分之一椭圆弧，见图 8-31（a）。

图 8-31（b）表明了底板正等测图的作法，分三步进行：

（1）画出轴测轴。

（2）作出底板的轴测图。在顶角 A、B 两处，沿底板边线截取 r 长，得点 Ⅰ、Ⅱ、Ⅲ、Ⅳ。再过 Ⅰ、Ⅱ 与 Ⅲ、Ⅳ 四点分别作边线的垂线得交点 O_1 与 O_2，以 O_1 为圆心、O_1Ⅰ 为半径作圆弧，以 O_2 为圆心、O_2Ⅲ 为半径作圆弧。根据底板的高度，把 O_1 和 O_2 下降到 O_3 和 O_4 的位置，并画出与上面圆弧一样的底面的圆弧，再作出右面两圆弧的

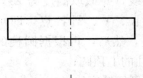
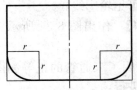

图 8-30 底板的两面投影图

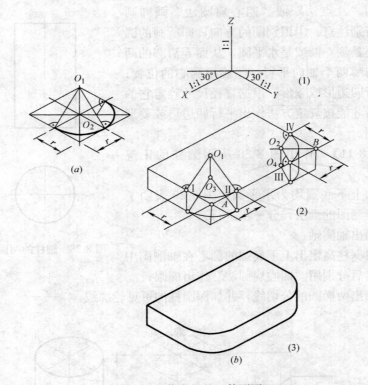

图 8-31 作底板的正等测图

公切线。

（3）加深可见轮廓线。

【例题 8-13】 作出图 8-32 所示带有切口的圆柱体的斜二测图。

此题可先画出圆柱的轴测图，然后再作出切口的轴测图。为了看清切口，最好画成仰视的轴测图。图 8-33 表明了它的画法，具体分四步进行：

(1) 画出轴测轴；

(2) 用"八点法"作出下底圆的斜二测椭圆；

(3) 在椭圆上自 1、2、3、4、5、6 各点向上引垂线，并截取高度为 Z_2，得 Ⅰ、Ⅱ、Ⅲ、Ⅳ、Ⅴ、Ⅵ 各点，即可作出圆柱的切口，然后，再根据圆柱的高度 Z_1 作出圆柱的上顶圆；

(4) 加深可见轮廓线。

【例题 8-14】 作出图 8-34 所示三通管的正等测图。

图 8-35 表明了三通管的正等测图的作法，分四步进行：

(1) 画出轴测轴，并用"四心扁圆

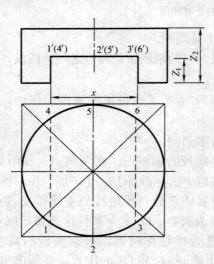

图 8-32 带切口圆柱的两面投影图

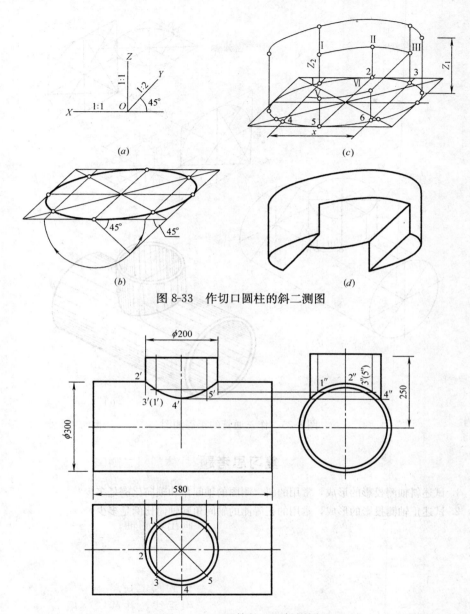

图 8-33 作切口圆柱的斜二测图

图 8-34 三通管的三面投影图

法"画出三通管的三个圆口（其中一个是水平圆，两个是侧平圆）的正等测图；

（2）画出两圆管的轮廓线和交线；交线上的Ⅰ、Ⅱ、Ⅲ、Ⅳ、Ⅴ五个点分别位在小圆管的五条素线上（见水平投影图），从小圆管的圆口沿着素线方向下降到素线的末端（见正面投影图），就可以定出这五个点在轴测图上的位置，然后把这五个点连成光滑的曲线；

（3）画出内表面，也就是根据内径尺寸再画出两个椭圆（一般可在外径椭圆内近似地画出）；

（4）加深可见轮廓线。

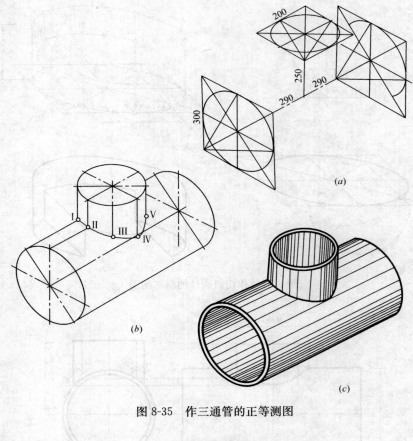

图 8-35 作三通管的正等测图

复习思考题

1. 试述斜轴测投影的形成，常用的斜二测图的轴间角和轴向比例是多少？
2. 试述正轴测投影的形成，常用的正等测的轴间角和轴向比例是多少？

画法几何习题集
（第三版）

高校建筑学与城市规划专业教材

哈尔滨工业大学　谢培青 主编
　　　　　　　　周玉良 修订

中国建筑工业出版社

目 录

1. 根据立体图作出三面投影图（大小由图形量取） …… 1
2. 根据立体图作出三面投影图（大小由图形量取） …… 2
3. 作出 A、B 两点在立体图上的位置 …… 3
4. 标出 Q、R 两平面的三面投影（用不同颜色） …… 3
5. 根据 A 点的立体图，作出它的三面投影 …… 4
6. 已知空间点 A（25, 10, 20），作立体图和三面投影图（单位：mm） …… 4
7. 已知点的两个投影，补第三个投影 …… 5
8. 已知点的两个投影，补第三个投影，并判别该点的空间位置 …… 5
9. 作出直线 AB 的侧面投影，并画出立体图 …… 6
10. 求直线 AB 的实长及对两投影面的倾角 α 和 β …… 6
11. 已知直线 AB 的实长为 55mm，求水平投影 …… 6
12. 判别下列各直线的空间位置，并注明反映实长的投影 …… 7
13. 判别 C、D、E 三点是否在直线 AB 上 …… 7
14. 应用定比性补出直线 AB 上 K 点的水平投影，并完成侧面投影 …… 7
*15. 求直线 AB 与投影面的交点（迹点） …… 8
16. 判别直线 AB 与 CD、IJ 与 KL、MN 与 OP、QR 与 ST 的相对位置 …… 8
17. 过 A 点作一直线平行于 H 面，并与 BC 直线相交 …… 9
18. 过 C 点作直线与 AB 相交，使交点离 V 面为 20mm …… 9
19. 过 A 点作一直线与 BC 垂直相交 …… 9
20. 求作直线 AB 与 CD 间的真实距离 …… 10
21. 求作直线 AB 与 CD 间的真实距离 …… 10
*22. 作出 A、B、C 三点所决定的平面 P 与投影面的交线（P_V、P_H 迹线） …… 10
*23. 作出由 AB、BC 两相交直线所决定的平面与投影面的交线（迹线） …… 10
24. 判别 M、N 两点是否在△ABC 内 …… 11
25. 补出平面图形内△ABC 的水平投影 …… 11
26. 在△ABC 内任作一条正平线和一条水平线 …… 11
27. 在△ABC 内作高于 A 点为 20mm 的水平线 …… 11
28. 求出堤坡 Q 与水平地面的倾角 α …… 12

29. 求△ABC对H面的倾角α 12
30. 求△ABC对V面的倾角β 12
31. 判别直线AB是否平行于平面CDEF 13
32. 过K点作一正平线平行于AB和CD决定的平面 13
33. 过A点作平面平行于直线CD 13
34. 作直线AB与平面△CDE平行于直线△DEF 13
35. 作直线AB与△CDE的交点并判别可见性 14
36. 作直线AB与△CDE的交点并判别可见性 14
37. 作直线AB与△CDE的交点并判别可见性 14
38. 作出两平面的交线 14
39. 求作正垂面P与平面ABCD的交线 15
40. 用交点法求作两平面的交线并判别可见性 15
41. 用加辅助平面法求作两平面的交线 16
42. 已知直线AB平行于平面CDE,求直线的正面投影 16
43. 过K点作铅垂面垂直于平面ABC 17
44. 过A点作直线与平面ABC垂直 17
45. 求K点到平面ABC间的真实距离 17
46. 求K点到直线AB的真实距离 17
*47. 已知矩形CDEF的一边CD及一顶点在直线AB上,作此矩形 18
*48. 已知正方形ABCD的水平投影中对角线AC反映实长,作正面投影 18
*49. 过M点作直线与AB,CD相交 18
*50. 作正平线与AB,CD,EF直线都相交 18

*51. 过K点作直线,同时平行P与△ABC 19
*52. 已知AB垂直于BC,作BC的水平投影 19
*53. 过直线AB作平面垂直于平面CDE,并求两平面交线 19
*54. 在△ABC中作C点至AB边的垂线 19
*55. 作直线与直线AB平行,与直线CD,EF相交 20
*56. 过A点在平面ABC内作直线,平行于平面EFG 20
*57. 任作一直线与AB,CD,EF三条直线都相交 20
*58. 任作一直线与AB,CD相交,并与平面EFG平行 21
59. 用换面法确定线段AB的实长及对H面的倾角α 21
60. 用换面法求平面ABC对H面的倾角α 22
61. 用换面法确定角ABC的实形 22
62. 用换面法确定ABCD的真实大小 23
63. 用换面法确定C点到直线AB间的距离 23
64. 在平面ABCD内过A点作直线与AB成30°角 24
*65. 已知D点到平面ABC间的距离为15mm,作出D点的正面投影 24
*66. 已知平行两直线AB,CD间的距离为20mm,作出CD直线的正面投影 25
67. 用换面法确定两交错直线间的距离(要求作出表示距离的线段在原体系中的投影) 26

68. 用换面法确定方形漏斗侧面的实形和各侧面间的夹角大小 ……… 26
69. 用旋转法确定线段 AB 的实长及对 H 面的倾角 α ……… 27
70. 用旋转法确定四边形 ABCD 的实形 ……… 27
71. 用水平轴旋转法求四边形 ABCD 的实形 ……… 28
72. 用水平轴旋转法确定∠ABC 的真实大小 ……… 28
73. 用水平轴旋转法确定 A 点到 BC 直线间的距离 ……… 29
*74. 用水平轴旋转法确定直线 AB 与面 EFG 的夹角 ……… 29
75. 补出平面立体的侧面投影，并作出表面上 A, B 两点的投影 ……… 30
76. 补出挡土墙的水平投影，并补出表面上 A, B 两点所缺的投影 ……… 31
77. 补出燕尾槽的侧面投影，并补出表面上 A, B 两点所缺的投影 ……… 31
78. 补出台阶的水平投影 ……… 32
79. 补出坡道的侧面投影 ……… 32
80. 作出平面 P 与三棱锥的截交线 ……… 33
81. 作出平面 P 与 T 形梁的截交线 ……… 33
82. 作出平面与烟囱的截交线 ……… 34
83. 作出屋面 P 与正六棱台的截交线 ……… 34
84. 求直线与平面立体的贯穿点 ……… 34
85. 求小房与门斗以及烟囱与屋顶的相贯线 ……… 35
86. 求阁楼与屋顶的相贯线 ……… 35
87. 绘制带切口的三棱台投影图 ……… 36
88. 绘制带穿孔的四棱柱的投影图 ……… 36
89. 完成同坡屋顶的水平投影和正面投影 ……… 37
90. 补出曲面立体的侧面投影，并补全表面上 A, B, C 三点的投影 ……… 38
91. 补出球面的侧面投影，并补全表面上 A, B, C, D 四点的真实大小 ……… 39
92. 补出环面的侧面投影，并补全表面上 A, B, C 三点的投影 ……… 39
93. 已知母线 AB 和回转轴 CD，作单叶回转双曲面的投影 ……… 40
*94. 过 A 点作圆锥面的切平面 ……… 41
*95. 作圆柱面的切平面平行于 AB 直线 ……… 41
96. 求作 P 平面和圆锥面的截交线 ……… 42
97. 求作 Q 平面和圆锥面的截交线 ……… 42
98. 求作 P 平面和圆柱面的截交线 ……… 43
99. 求作 Q 平面和球面的截交线 ……… 43
100. 补出圆柱切割体的侧面投影 ……… 44
101. 补出圆柱切口的侧面投影 ……… 44
*102. 已知薄壳屋顶（球面）的水平投影，完成正面投影和侧面投影 ……… 45
103. 求直线与曲面立体的贯穿点，并判别可见性 ……… 46
104. 求直线与曲面立体的贯穿点，并判别可见性 ……… 46
105. 求圆柱与四棱锥的相贯线 ……… 47
106. 求圆锥与四棱柱的相贯线 ……… 47
107. 求两圆柱的相贯线 ……… 48

108. 求圆柱与锥合的相贯线 …… 48
109. 求圆柱与锥合的相贯线 …… 49
110. 求圆柱与半球的相贯线 …… 50
111. 求两圆柱面的相贯线 …… 50
112. 求两圆柱面的相贯线 …… 51
113. 绘制带切口的圆柱的投影图 …… 51
114. 绘制带穿孔的圆柱的投影图 …… 52
115. 作出圆柱与半球的相贯线 …… 52
116. 作出圆柱与半球合的相贯体 …… 53
117. 作出圆柱与圆合的相贯线 …… 53
118. 作出半圆柱与圆合的相贯线 …… 54
*119. 用球面为辅助面求两圆柱和圆锥的相贯线 …… 54
*120. 用球面为辅助面求圆柱和圆锥的相贯线 …… 55
121. 作出圆锥与二直立圆管的相贯线 …… 55
122. 作出圆形管的水平投影,并指出其导线和导面 …… 56
123. 补出圆柱接管的水平投影,并指出其导线和导面 …… 56
124. 已知母线 AF,导线 ABCD 和 EF,导面 H,求作锥面 …… 56
125. 求双曲抛物面与椭圆柱面的交线 …… 57
126. 作出回旋楼梯的正面投影 …… 58
127. 作出截头三棱柱的完整展开图 …… 59

128. 作出截头圆柱面的完整展开图 …… 59
129. 作出斜截锥面的展开图 …… 60
130. 作出斜锥面的展开图 …… 60
*131. 作出虾米腰接管的展开图 …… 61
*132. 作出"天方地圆"接管的展开图 …… 62
*133. 作出空心砖与圆柱的相贯线及表面展开图 …… 63
134. 作出空心砖的正面斜二测图 …… 64
135. 作出花格砖的正面斜二测图 …… 64
136. 作出台阶的斜二测图 …… 65
137. 作出木榫头的斜二测图 …… 65
138. 作出组合体的正面斜二测图 …… 66
139. 作出垫圈的正等测图 …… 67
140. 作出拱形屋面的正等测图 …… 68
141. 作出零件体的正等测图 …… 68
142. 作出组合体的正等测图 …… 69
143. 作出组合体的正等测图 …… 69
144. 作出组合体的正等测图 …… 70
*145. 作出圆柱相贯体的正等测图 …… 71
*146. 作出薄腹梁的正等测图(仰视) …… 72
*147. 作出柱头的正等测图(仰视) …… 73
*148. 作出十字街口的水平斜等测图 …… 74

"*"号标记是难题

1. 根据立体图作出三面投影图（大小由图形量取）

专业　班级　姓名　1

2. 根据立体图作出三面投影图（大小由图形量取）

专业　　班级　　姓名

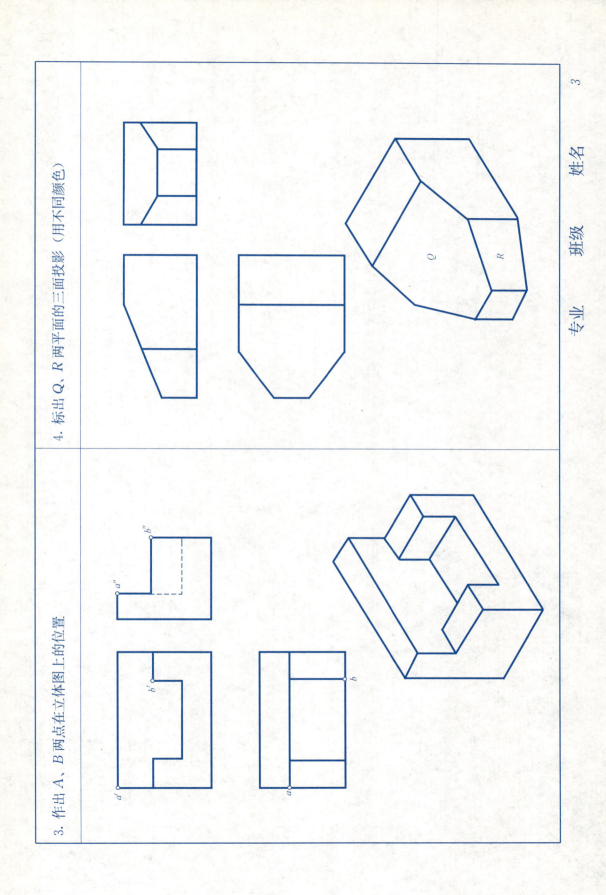

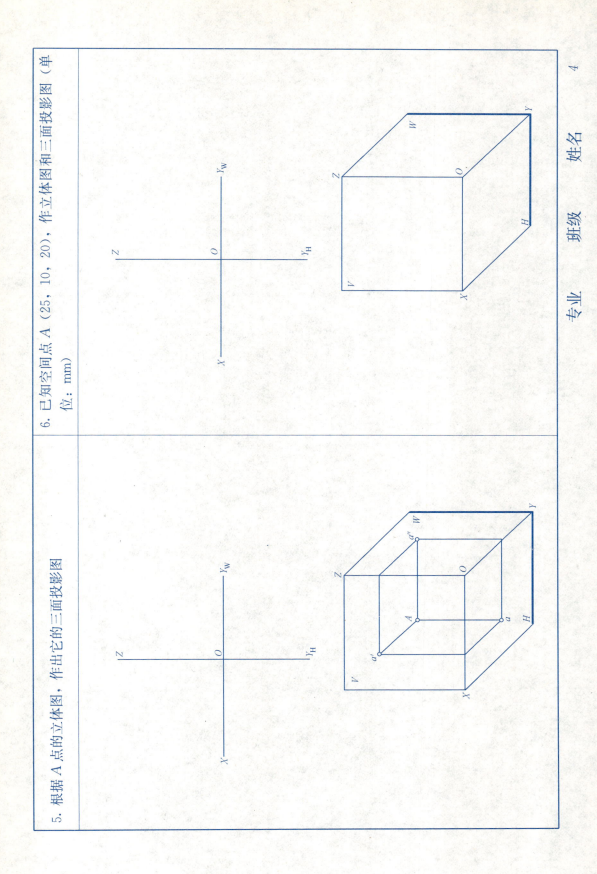

5. 根据 A 点的立体图，作出它的三面投影图

6. 已知空间点 A (25, 10, 20)，作立体图和三面投影图（单位：mm）

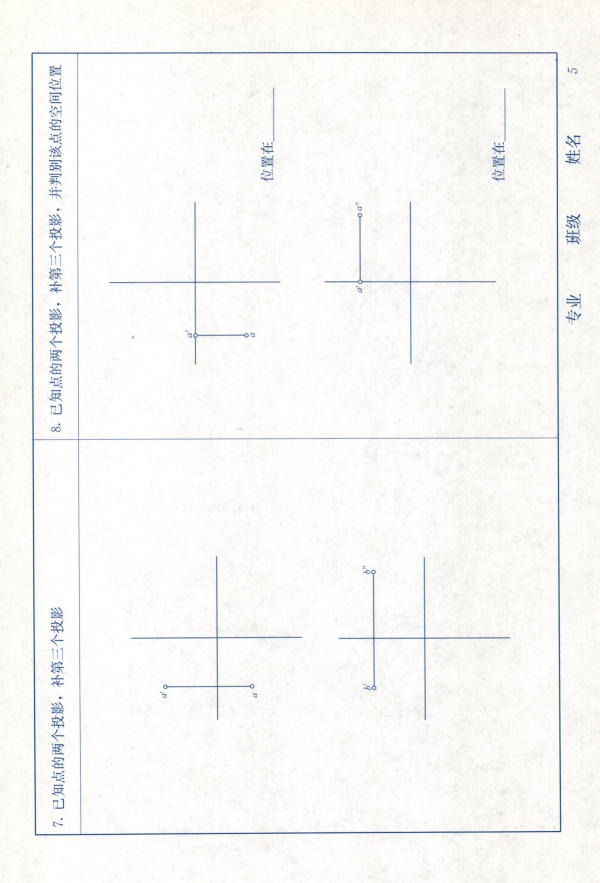

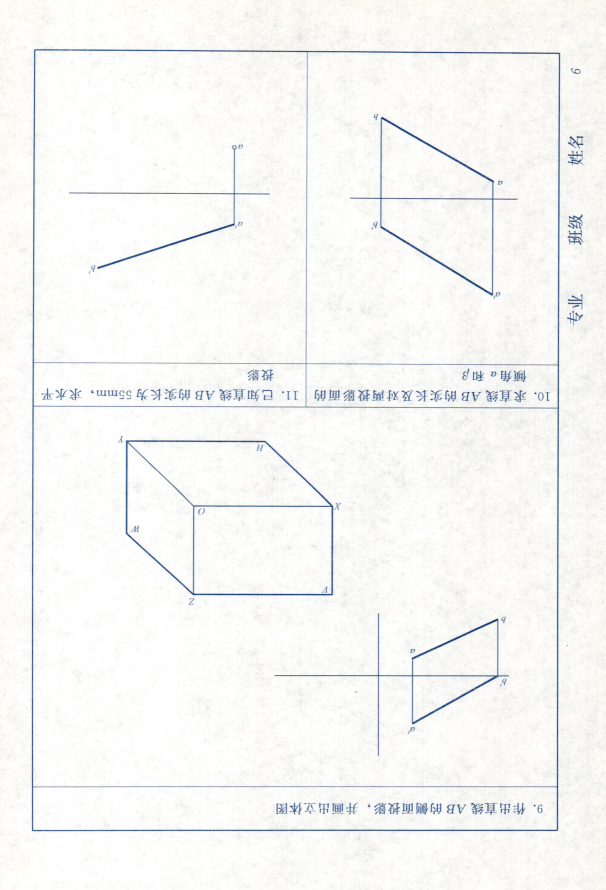

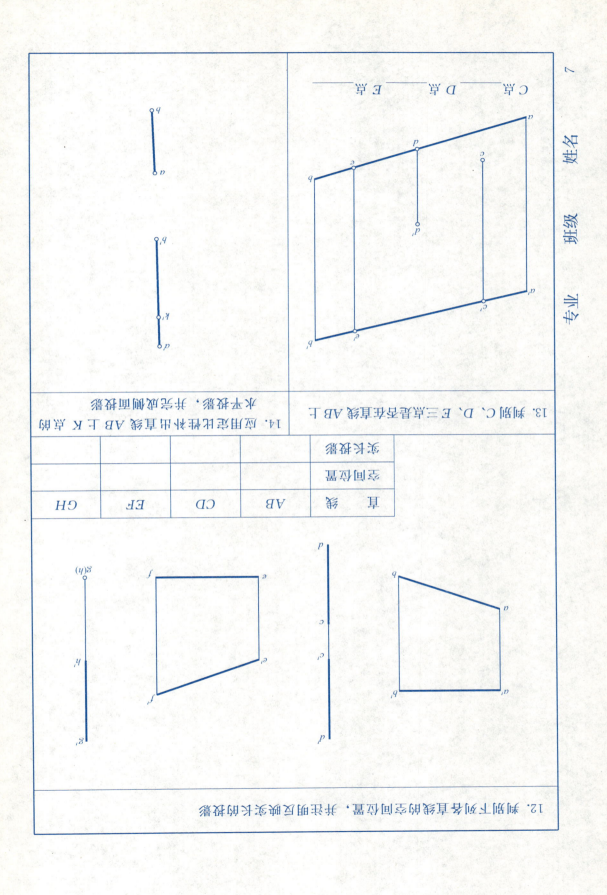

16. 判别直线 AB 与 CD、IJ 与 KL、MN 与 OP、QR 与 ST 的相对位置

AB 与 CD _____，IJ 与 KL _____，MN 与 OP _____，QR 与 ST _____

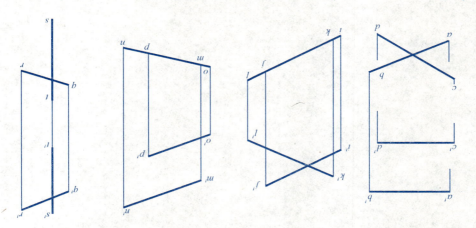

*15. 求直线 AB 与投影面的交点（迹点）

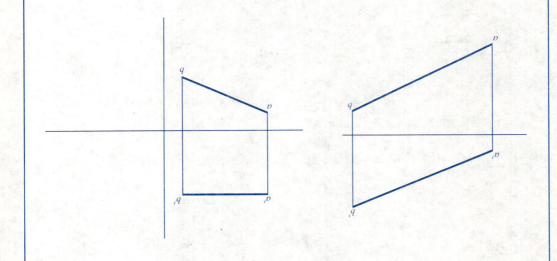

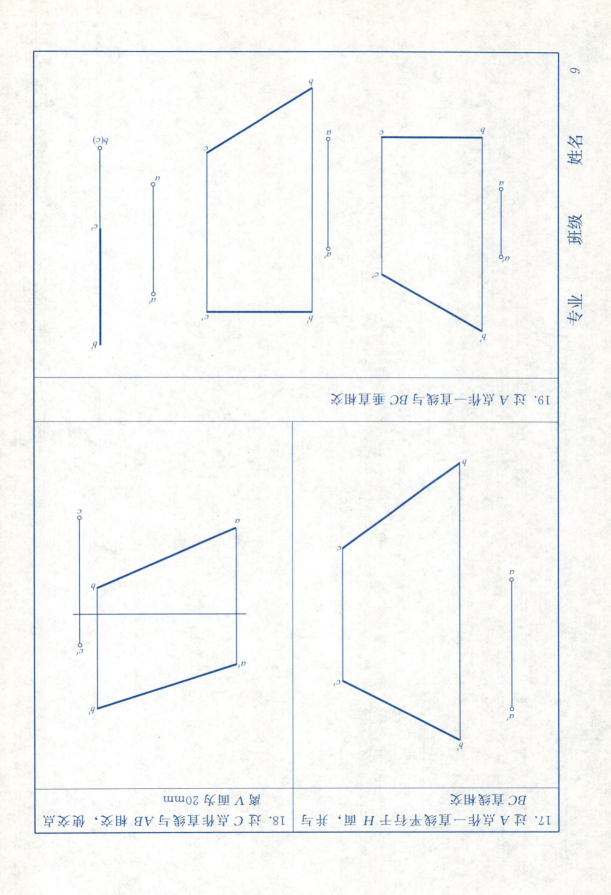

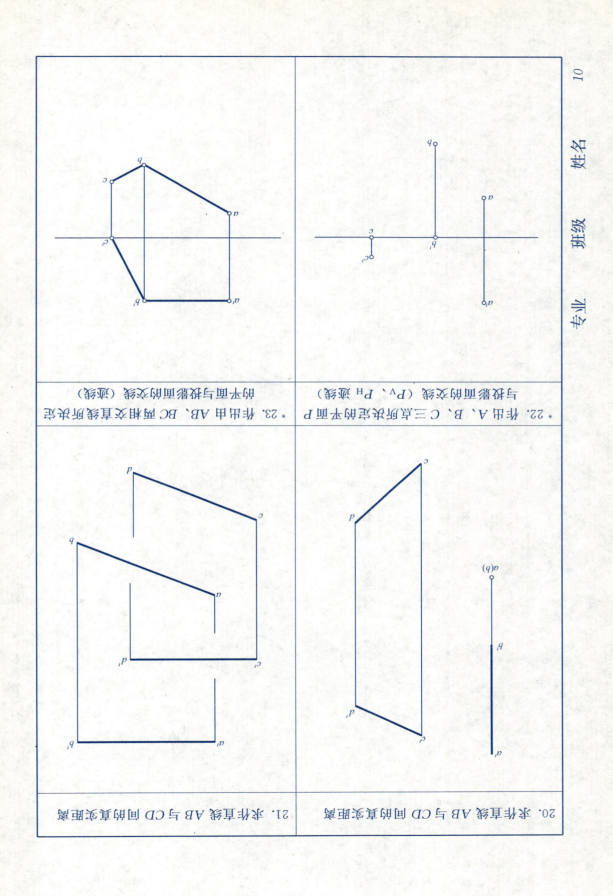

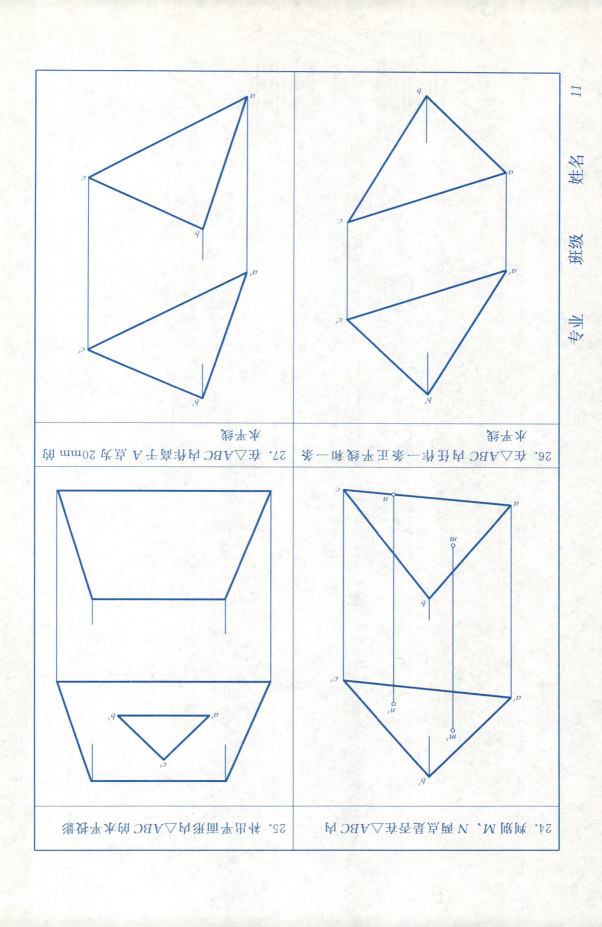

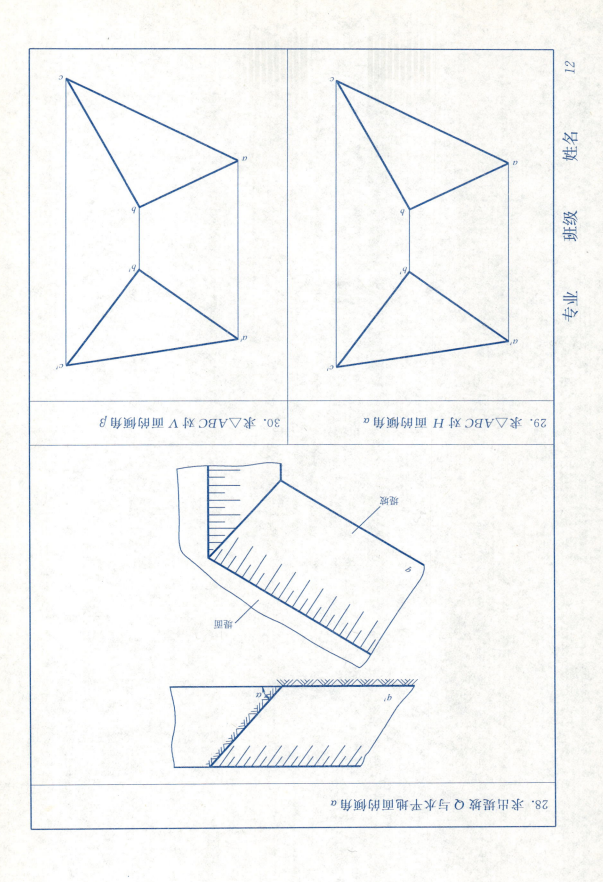

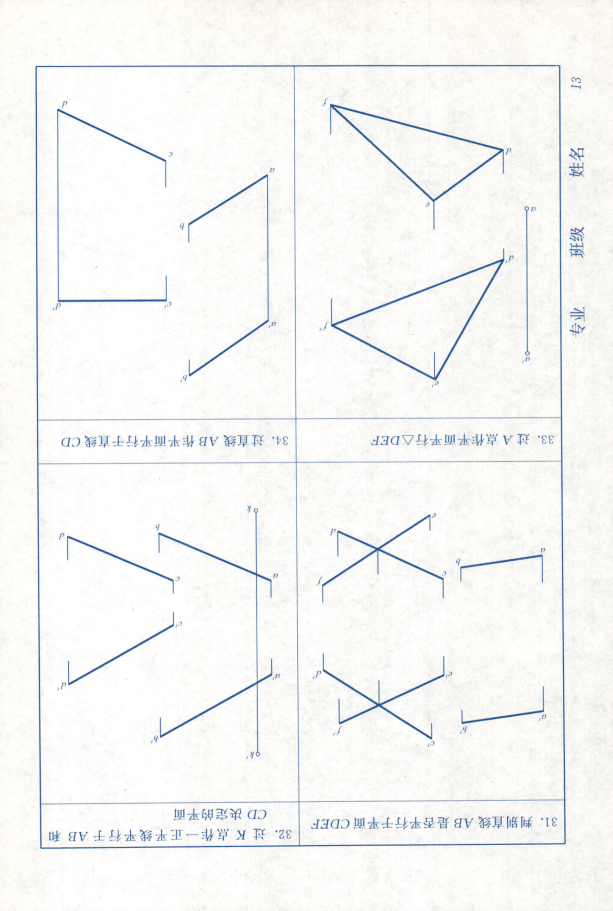

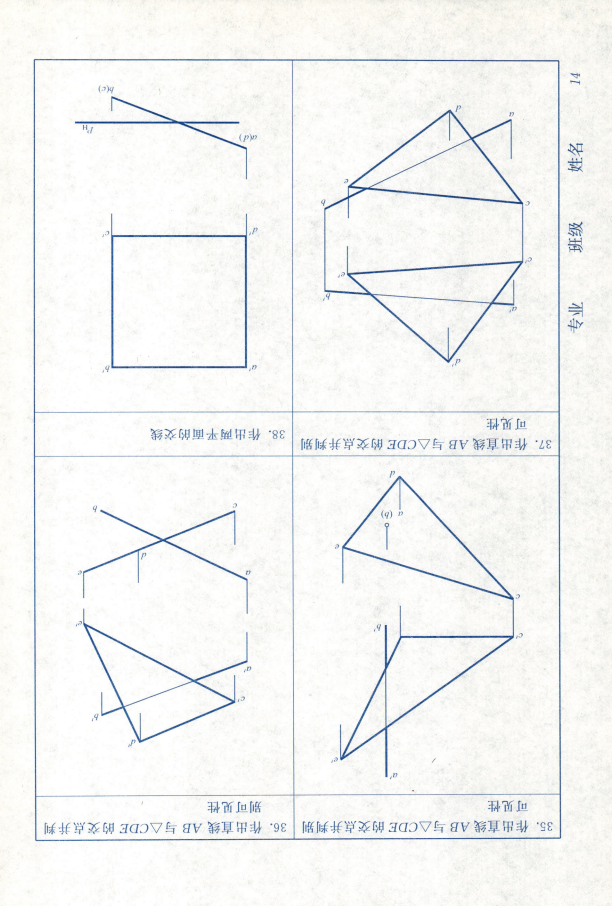

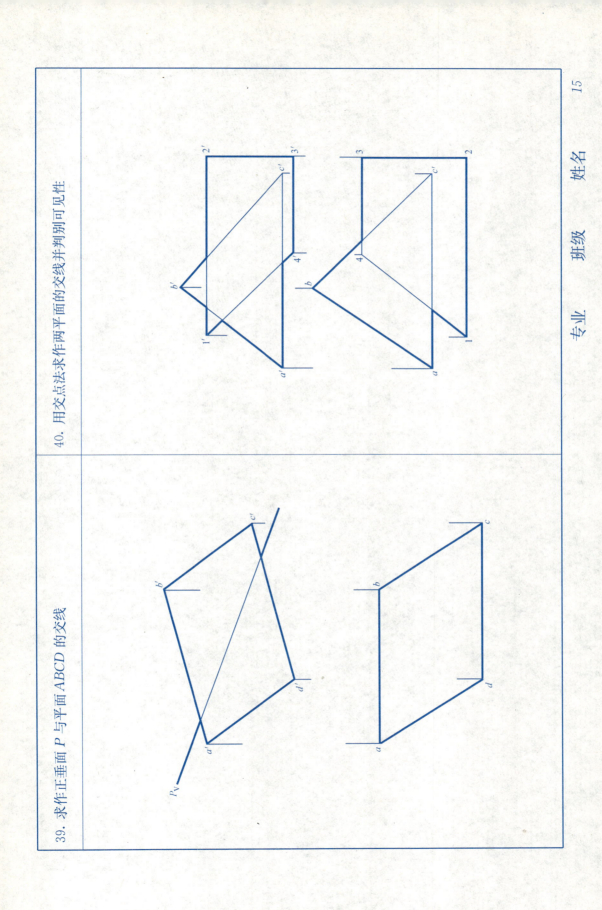

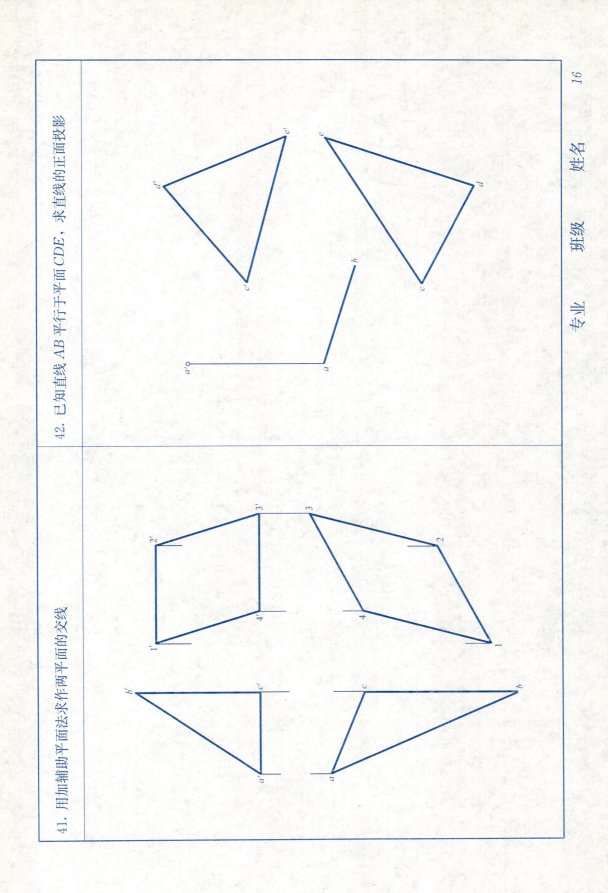

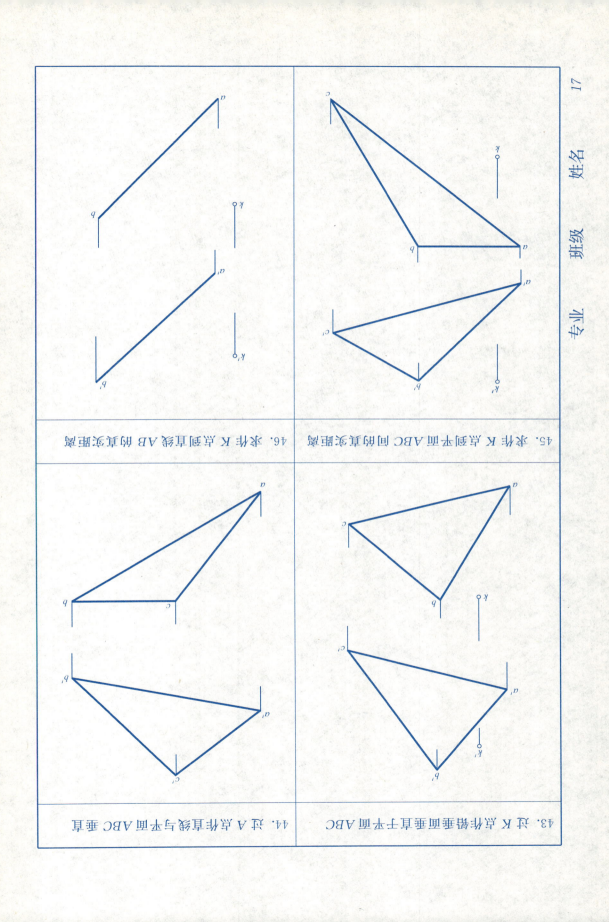

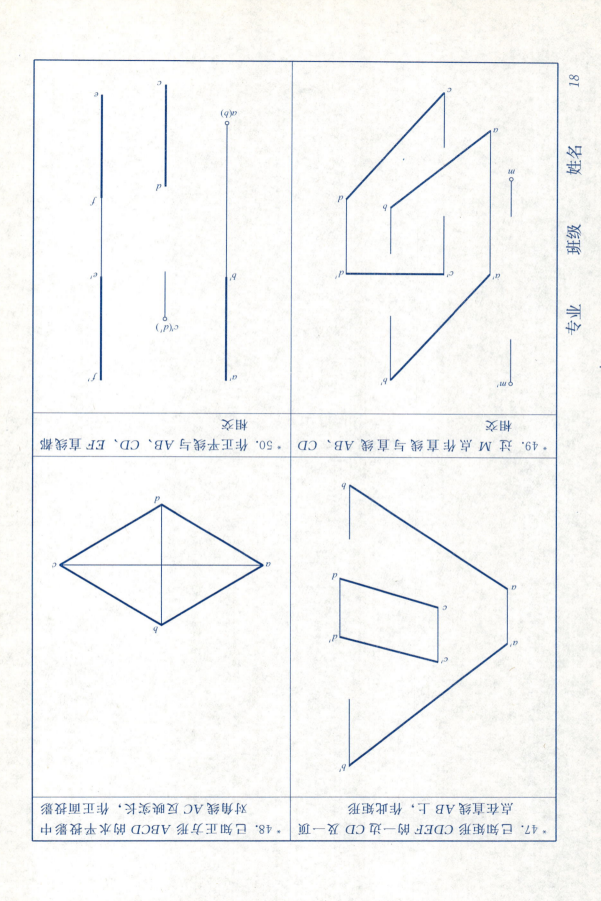

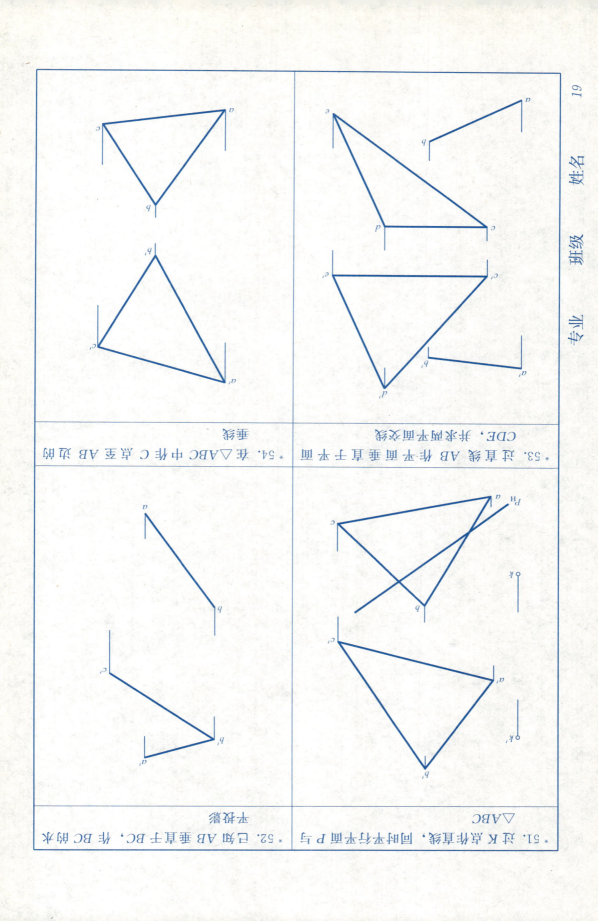

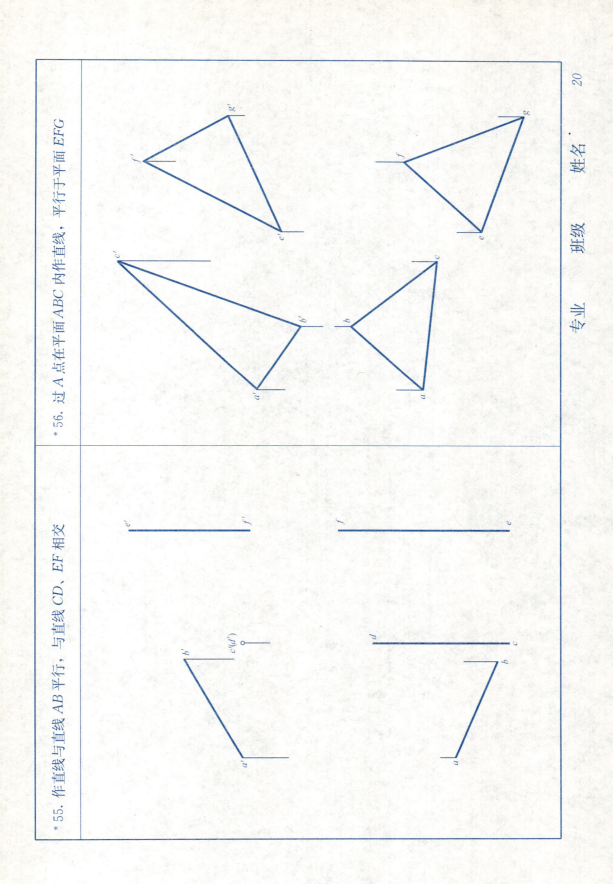

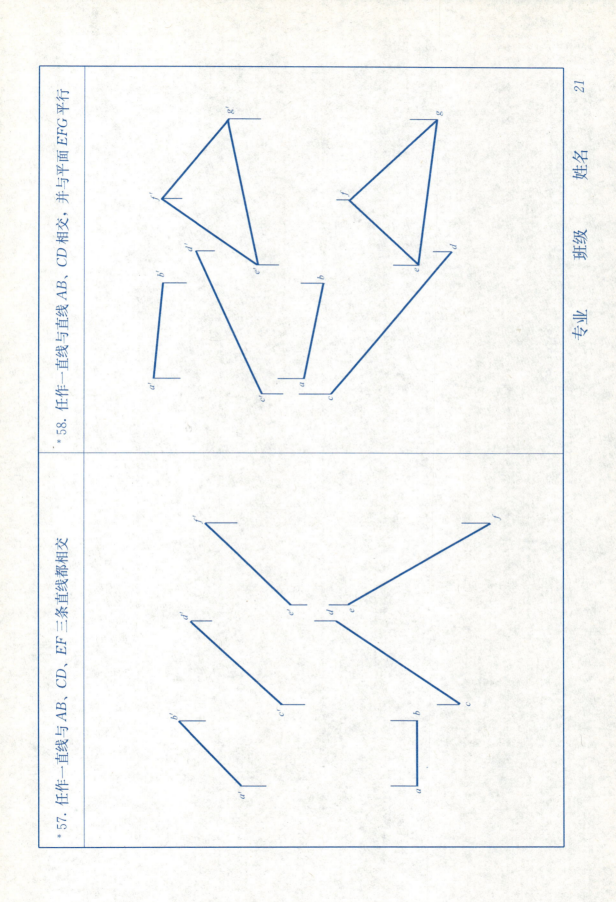

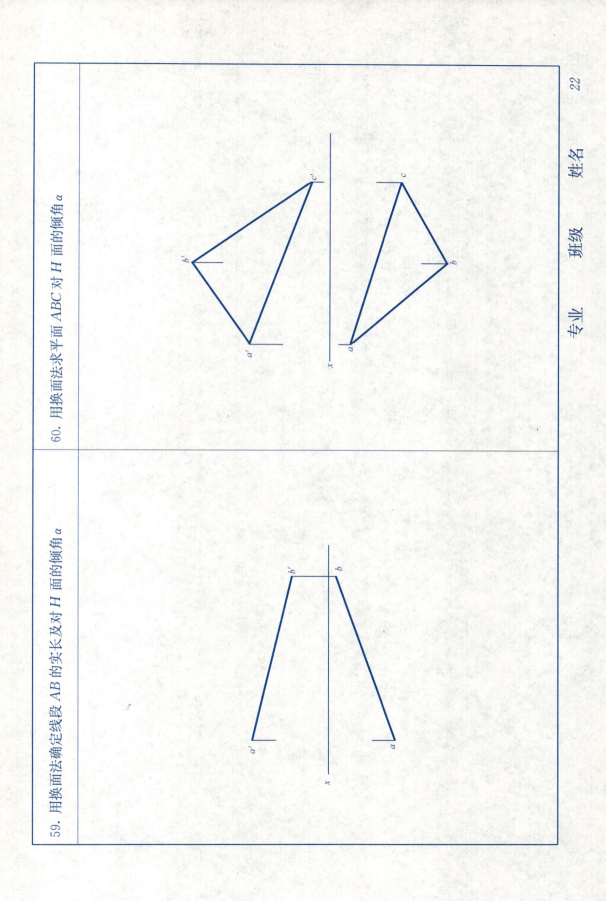

62. 确定两面角 ABCD 的真实大小

61. 用换面法确定平面 ABC 的实形

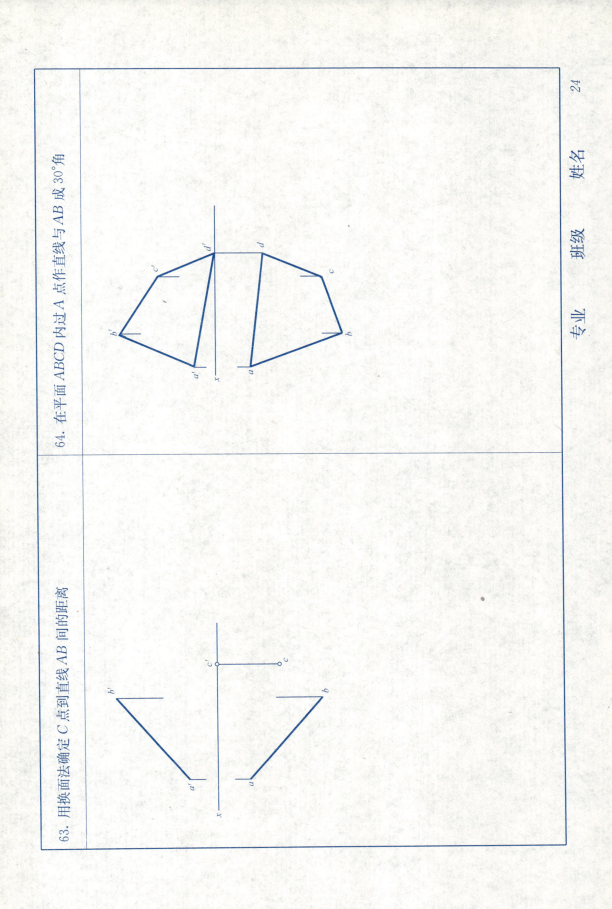

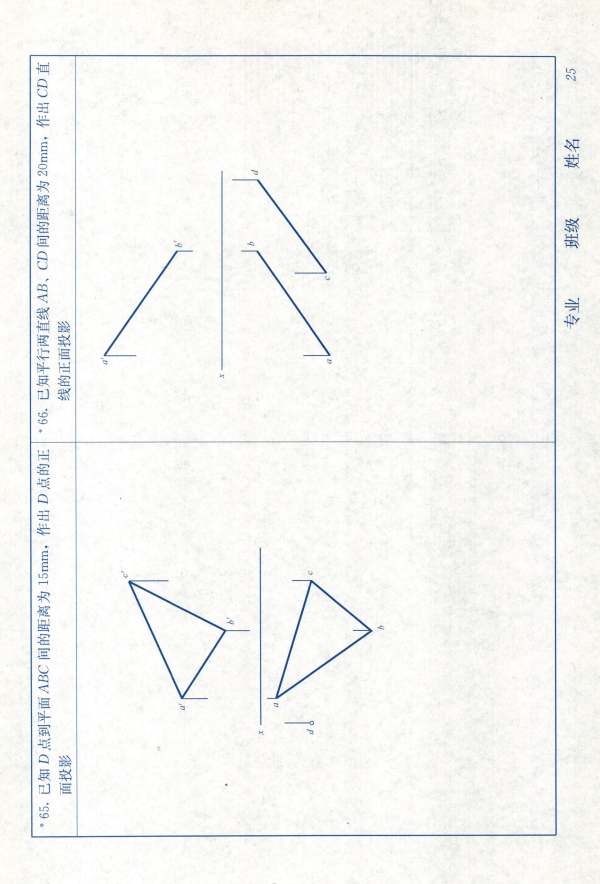

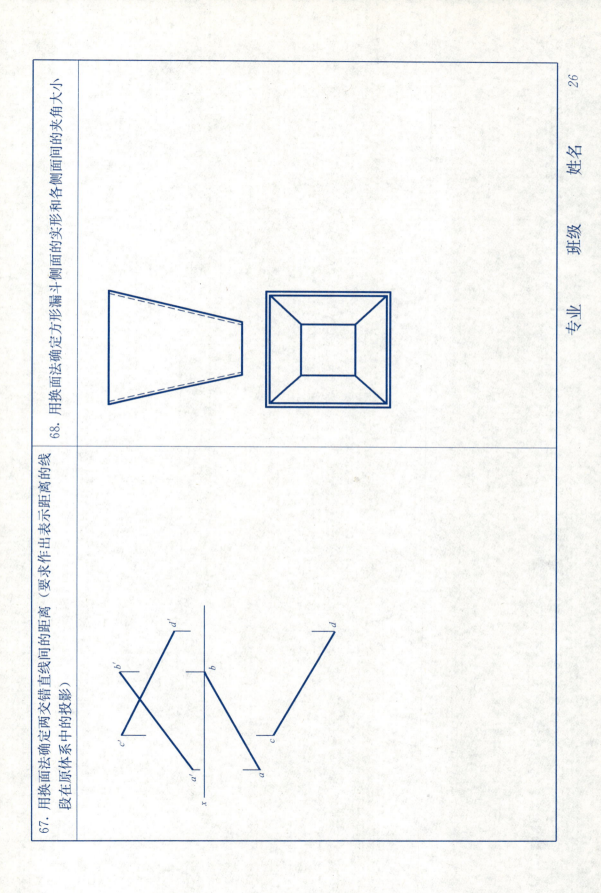

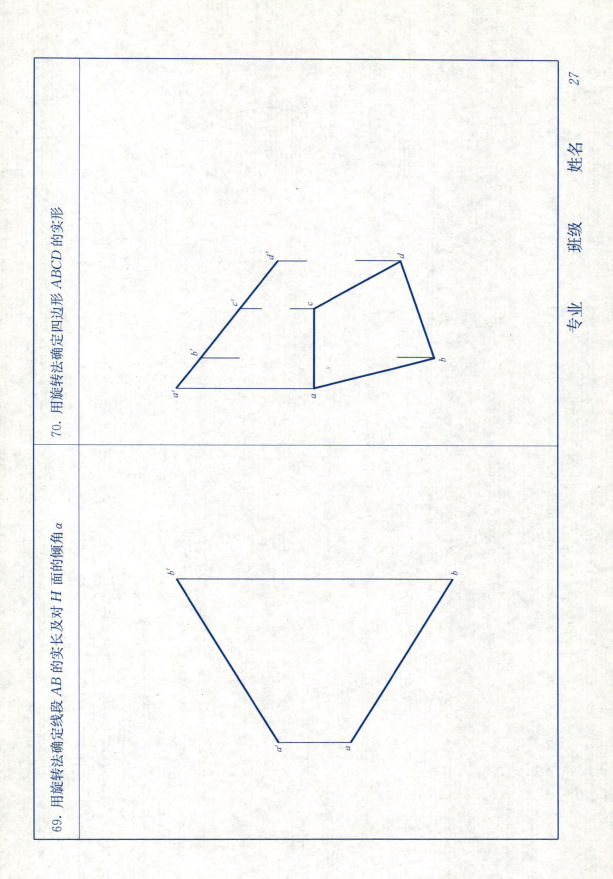

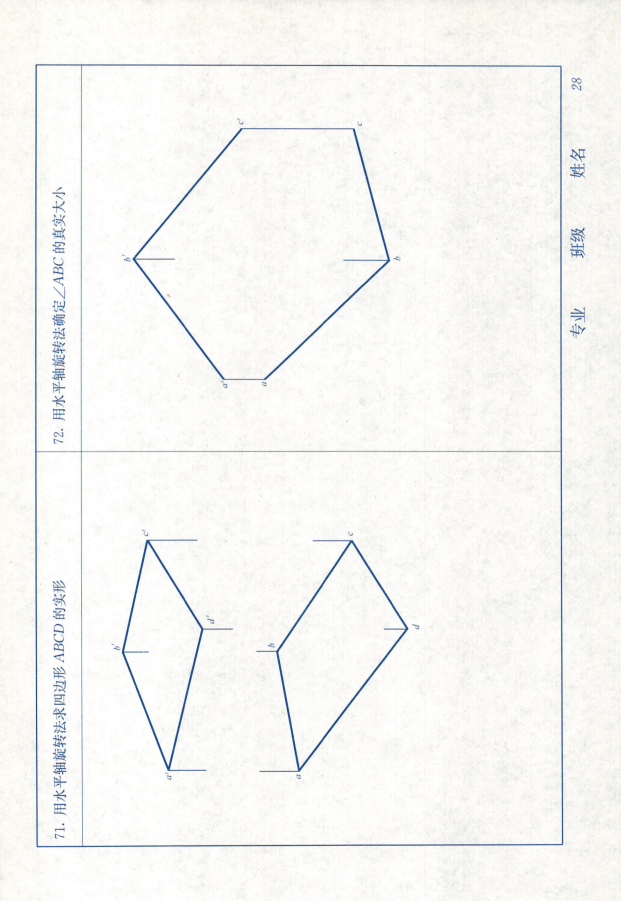

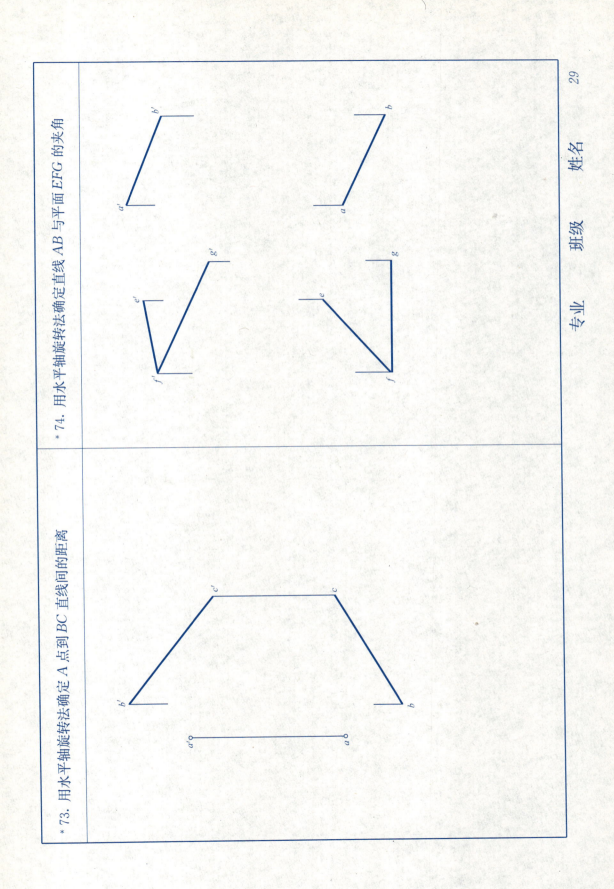

75. 补出平面立体的侧面投影，并作出表面上 A、B 两点所缺的投影

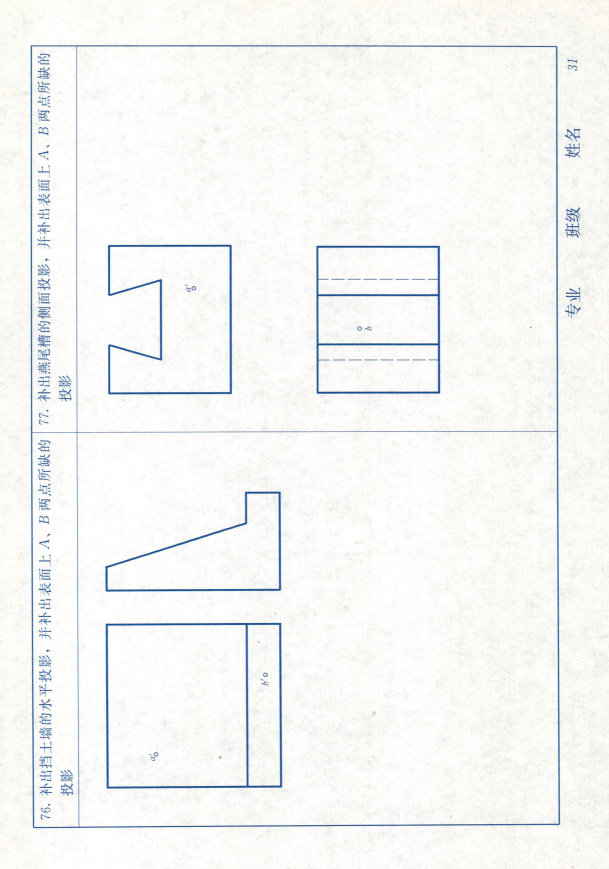

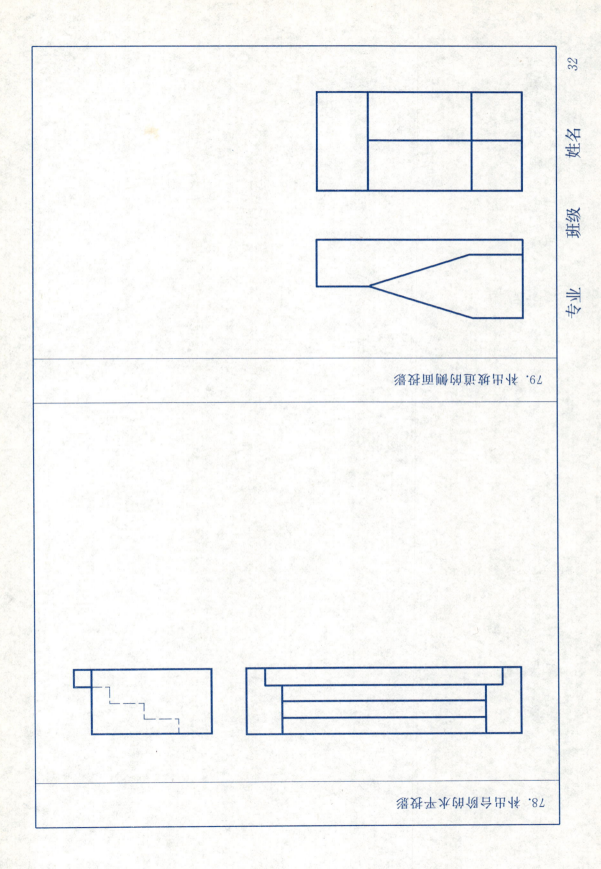

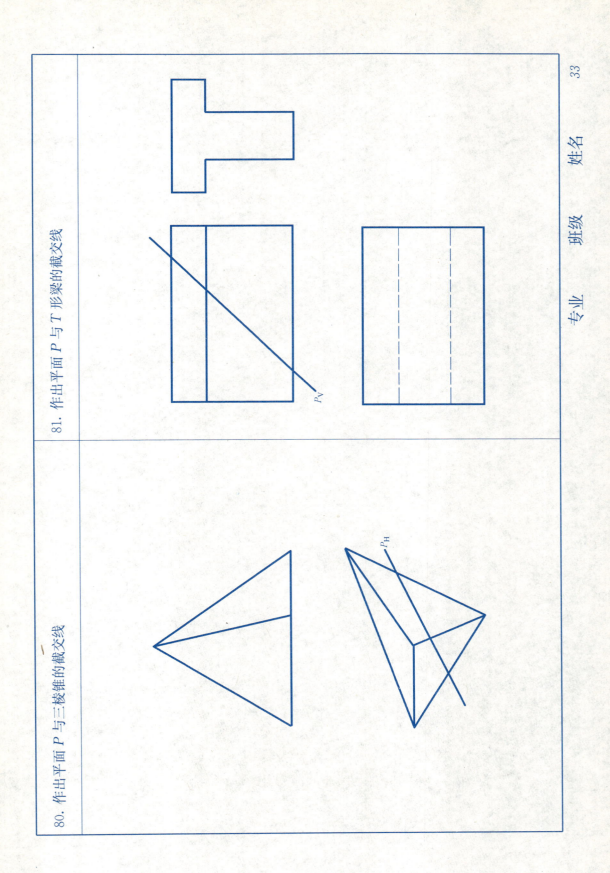

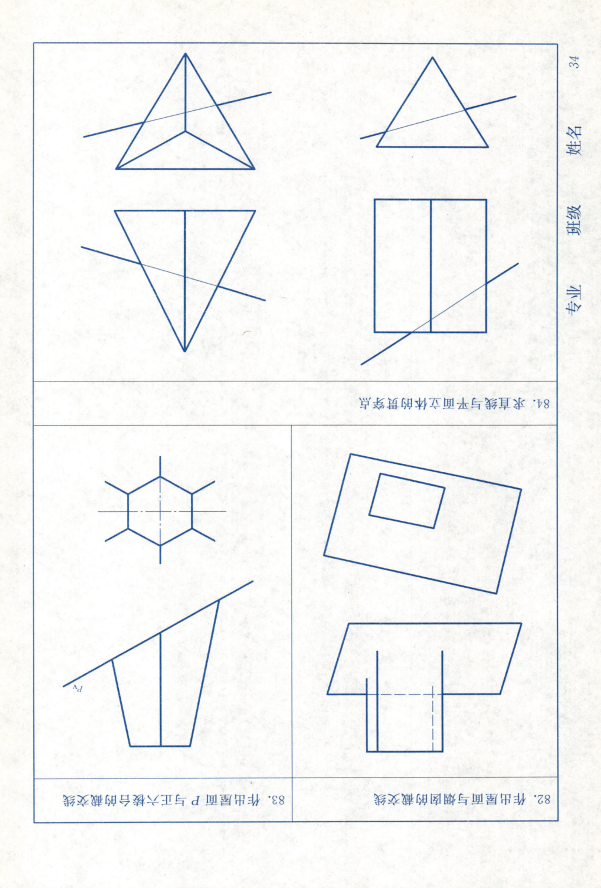

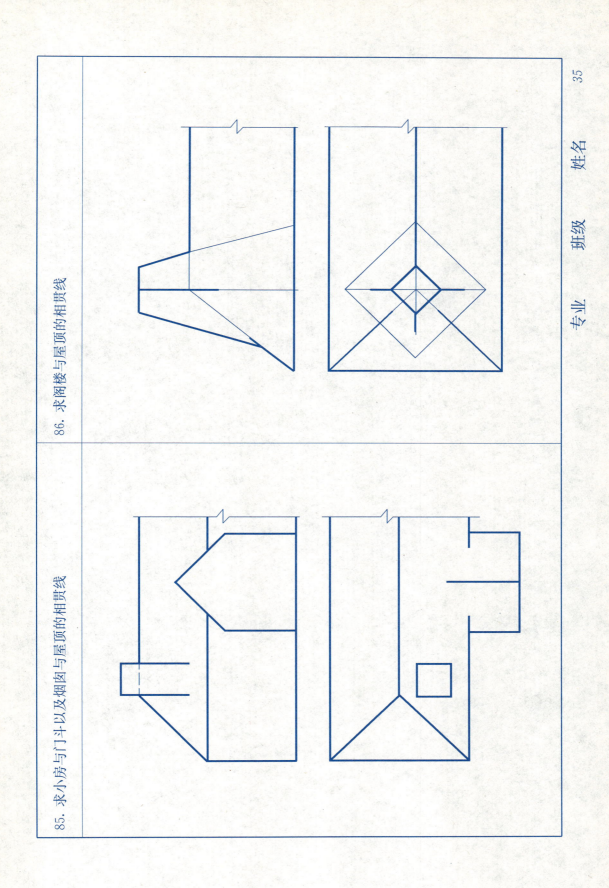

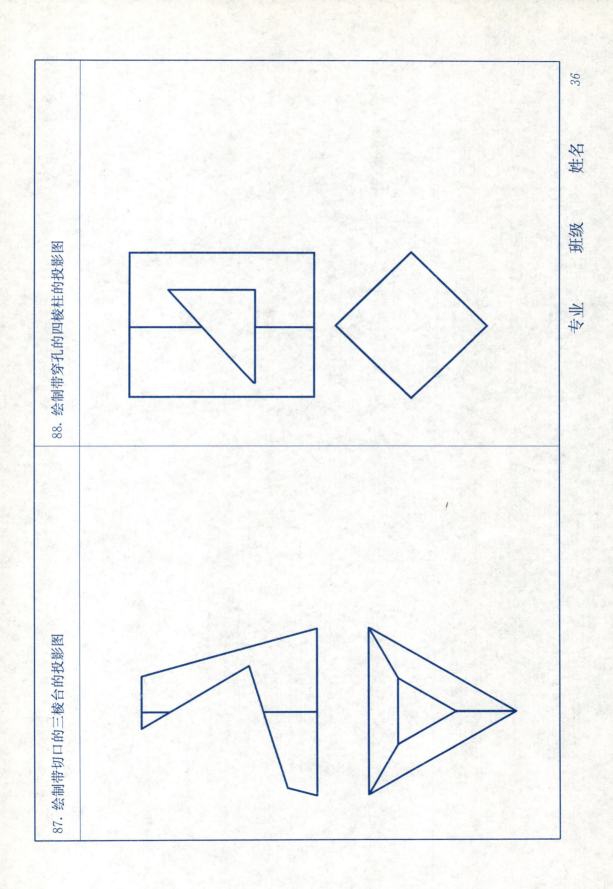

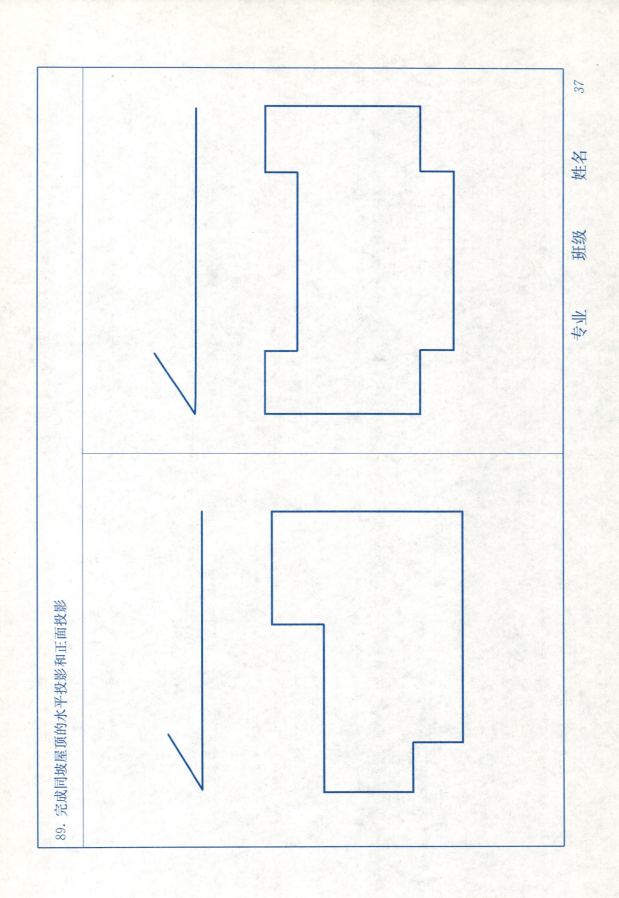

89. 完成同坡屋顶的水平投影和正面投影

90. 补出曲面立体的侧面投影，并补全表面上 A、B、C 三点的投影

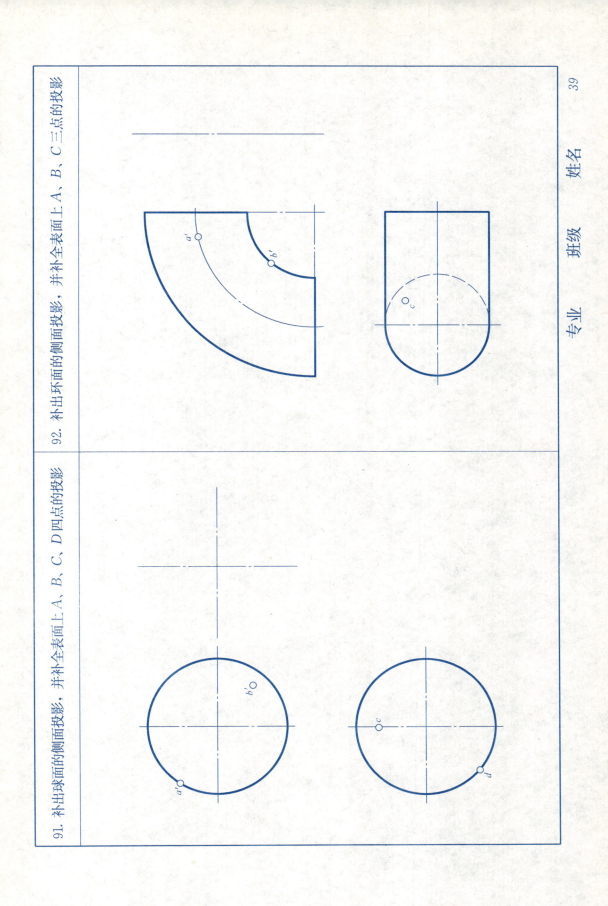

93. 已知母线 AB 和回转轴 CD，作用叶回转成曲面的投影。

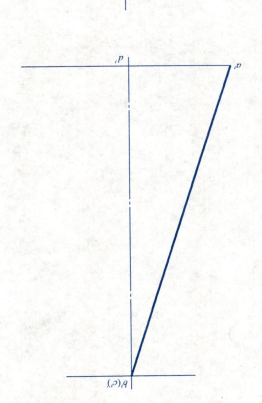

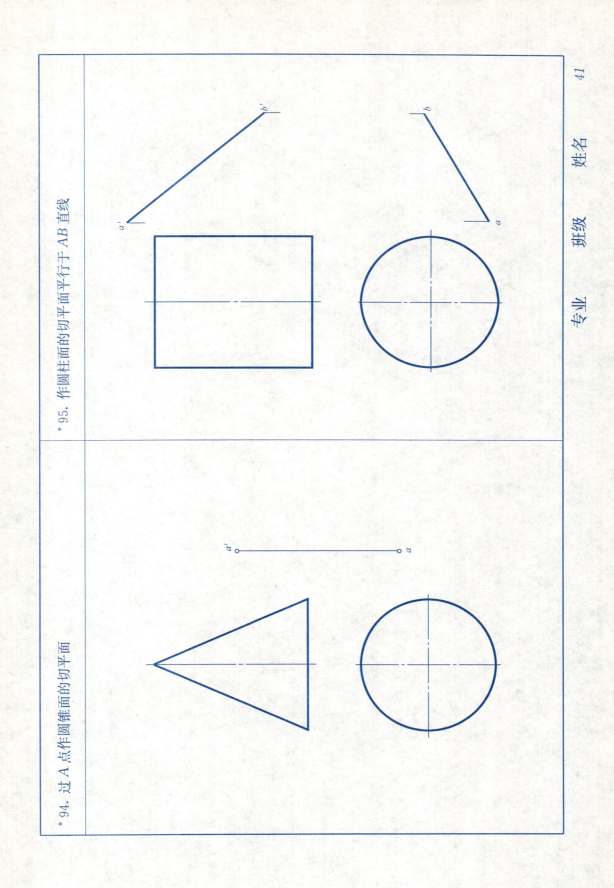

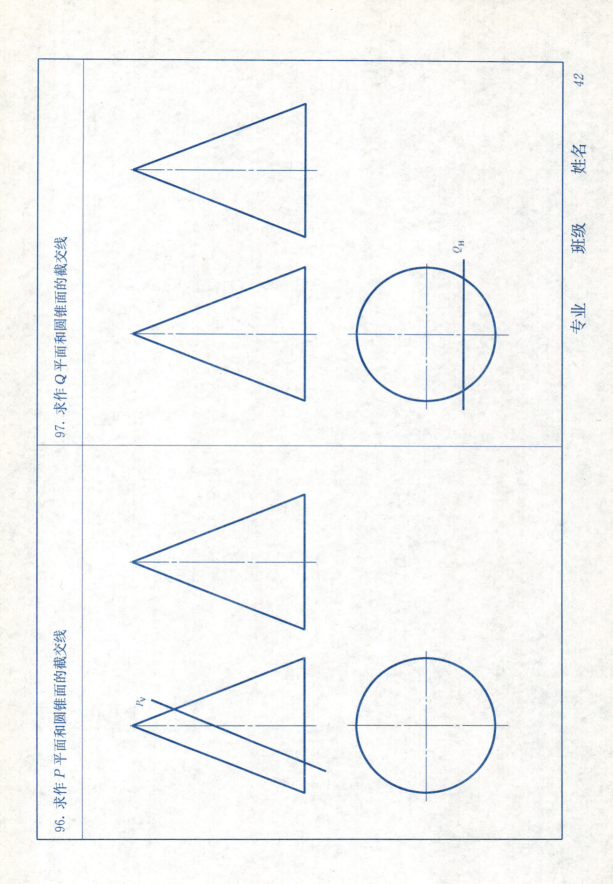

99. 求作 Q 平面和球面的截交线

98. 求作 P 平面和圆柱面的截交线

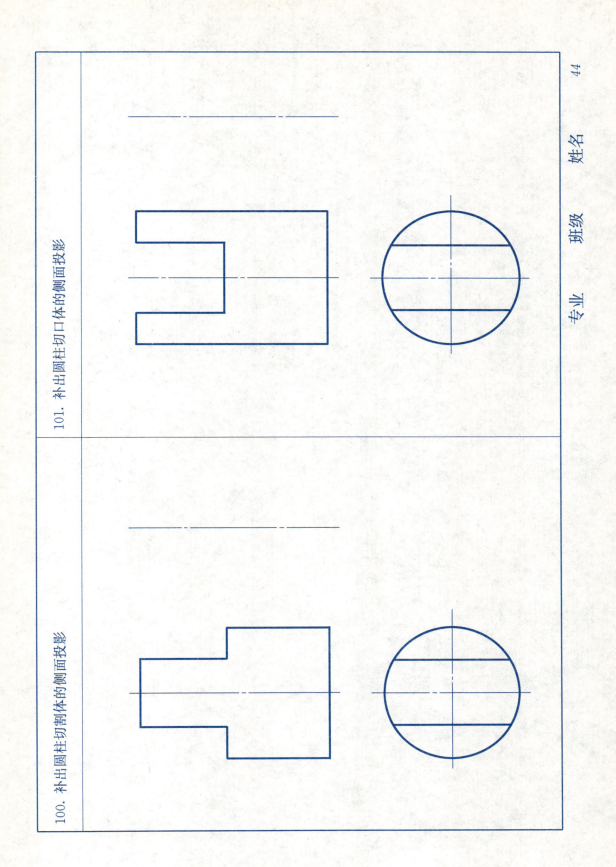

102. 已知薄壳屋顶（球面）的水平投影为正六边形，完成正面投影和侧面投影

103. 求直线与曲面立体的贯穿点，并判别可见性

104. 求直线与曲面立体的贯穿点，并判别可见性

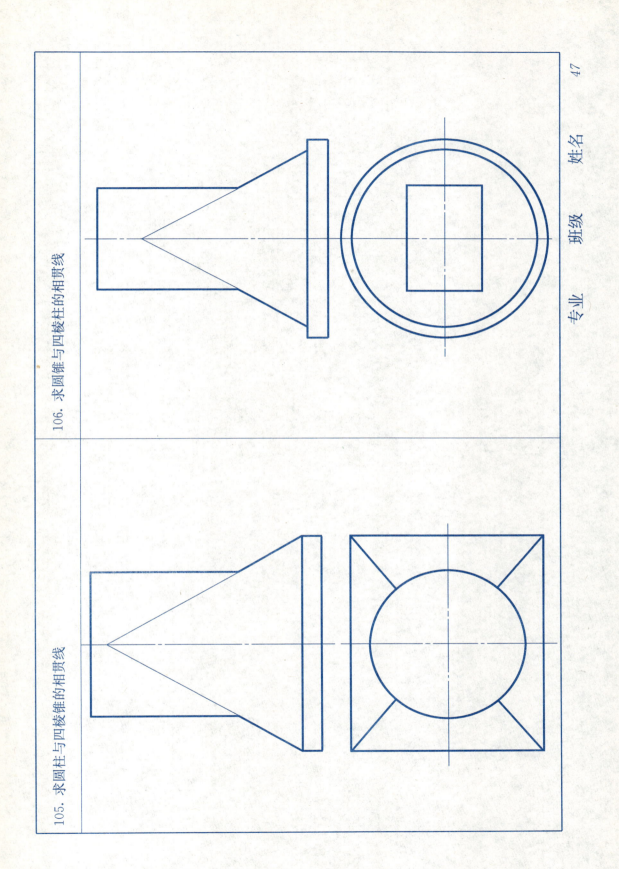

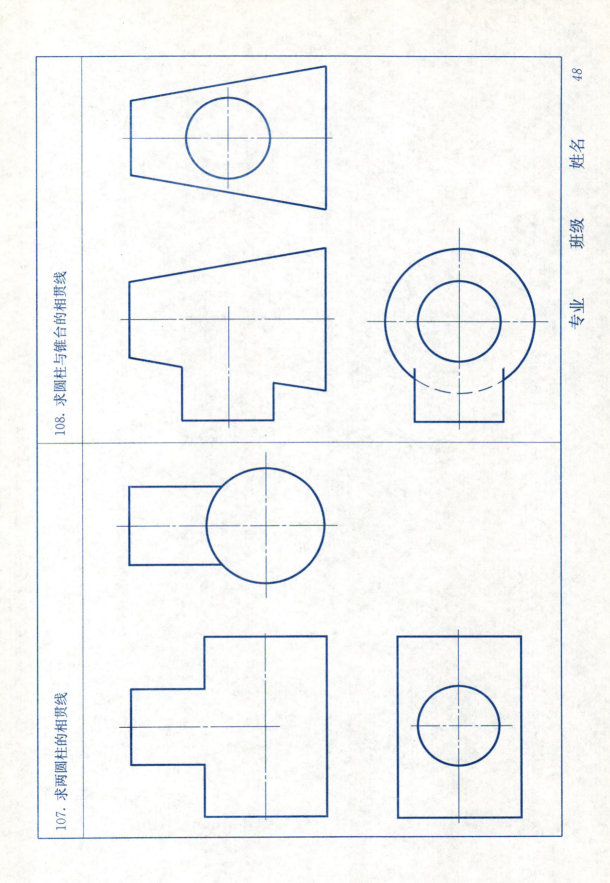

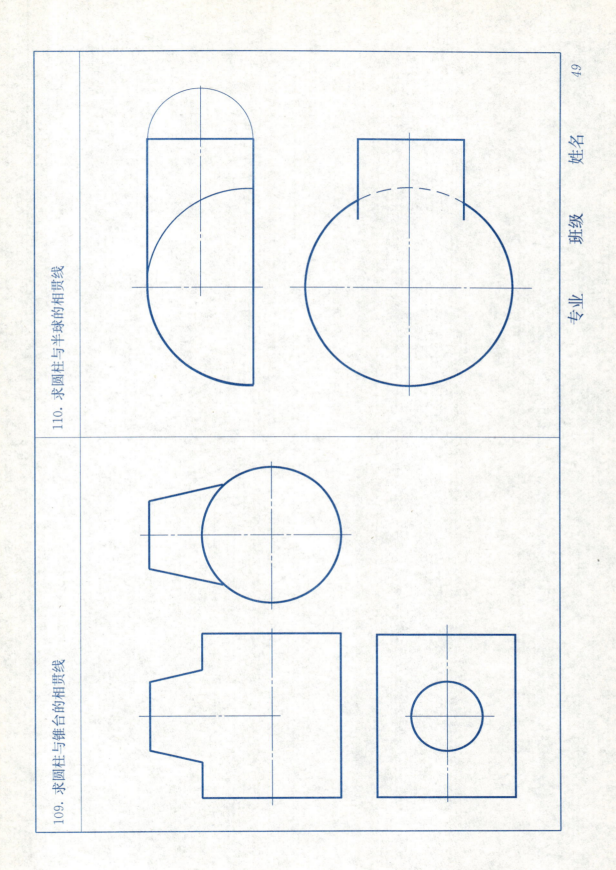

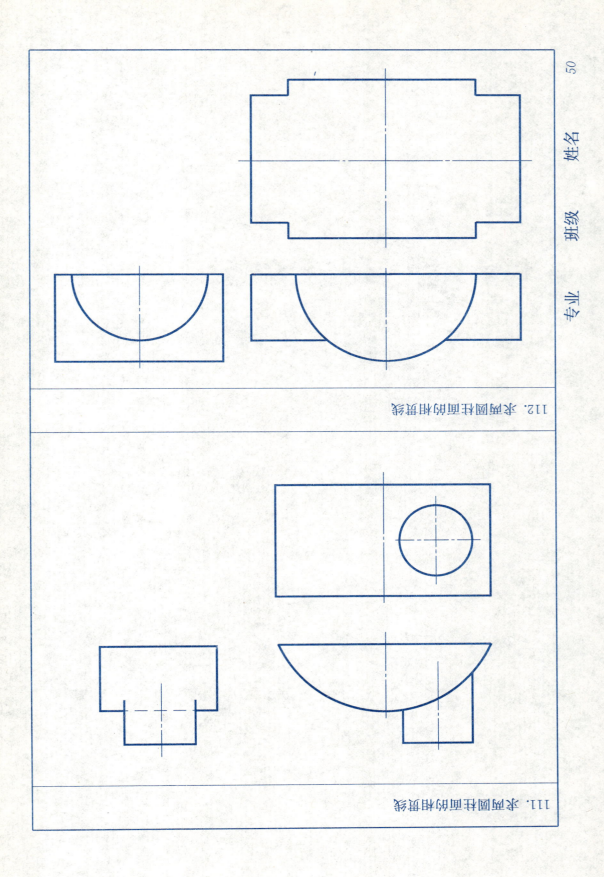

114. 绘制带穿孔的圆柱的投影图

113. 绘制带切口的圆台的投影图

专业　　班级　　姓名

51

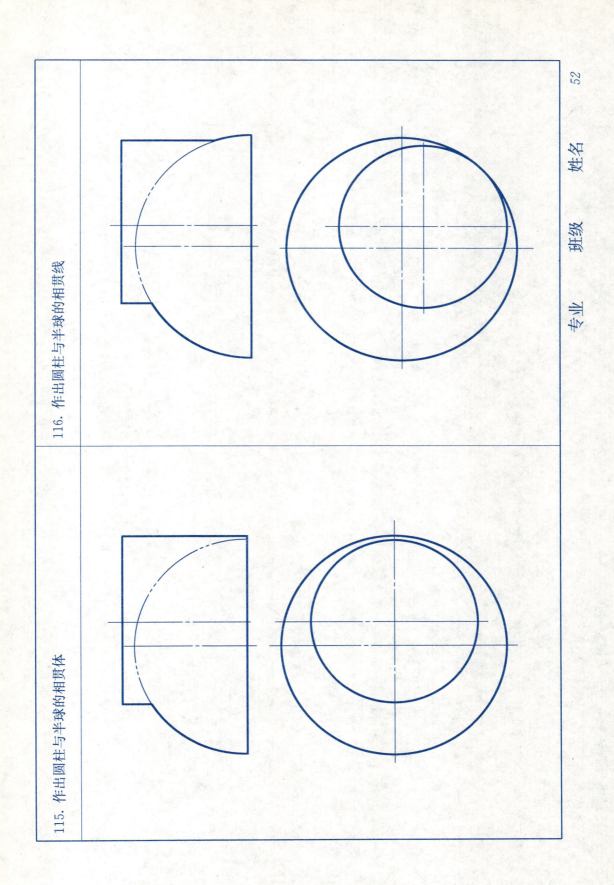

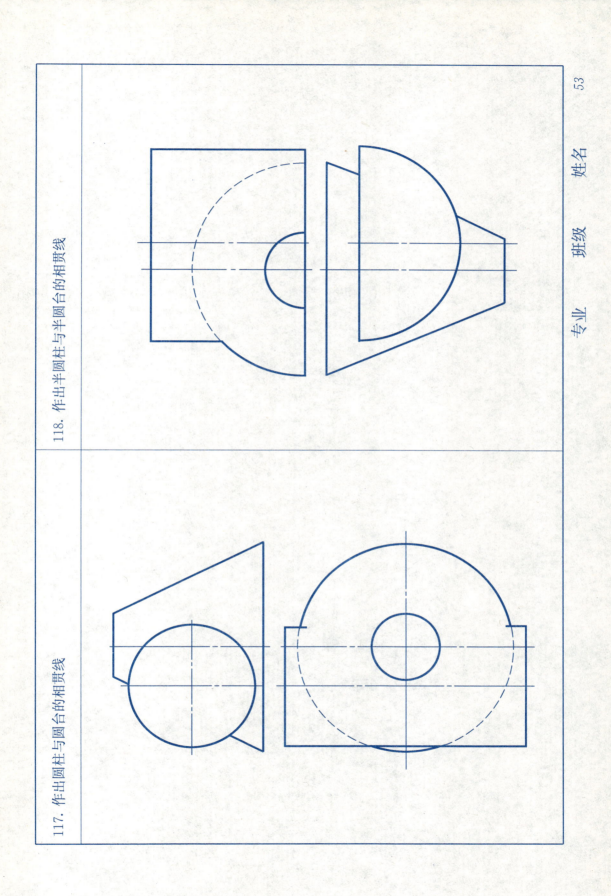

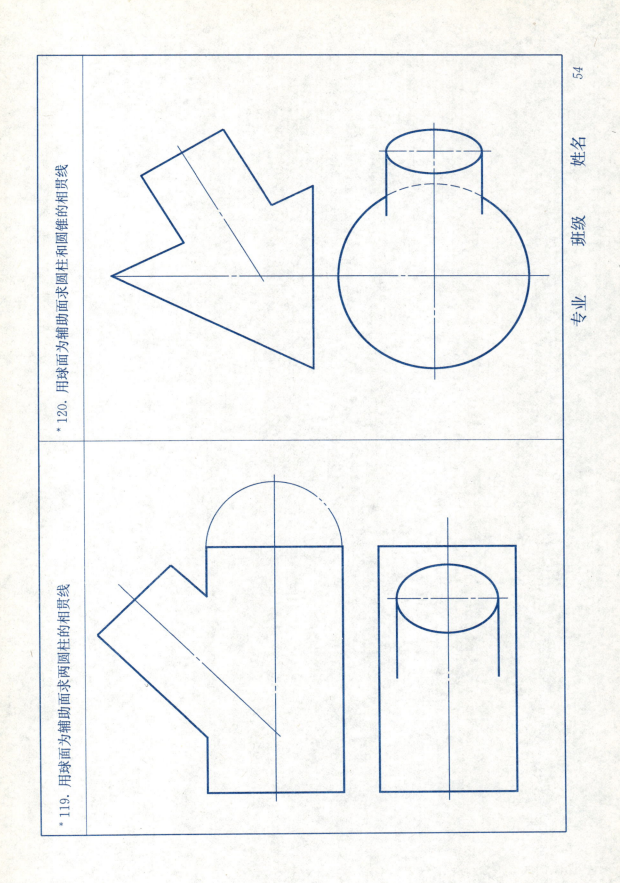

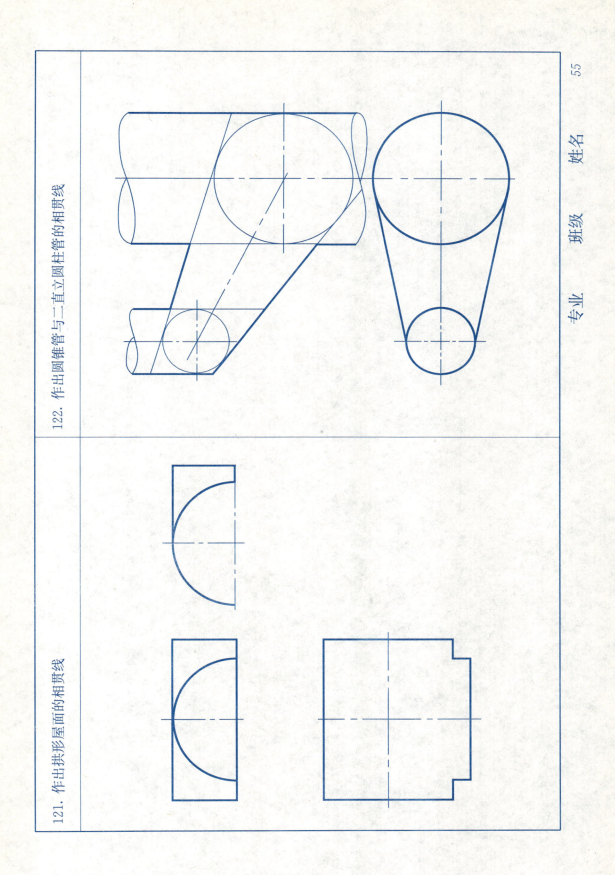

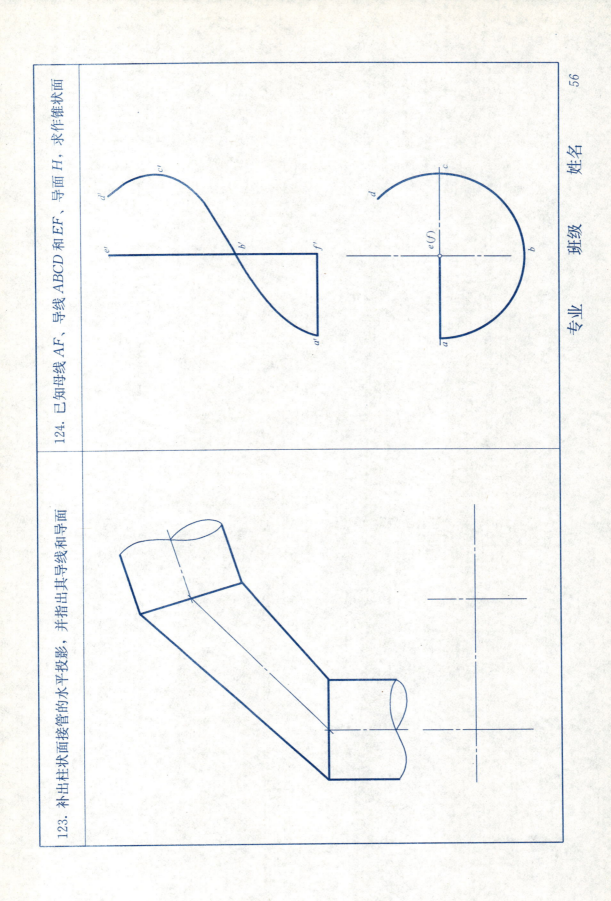

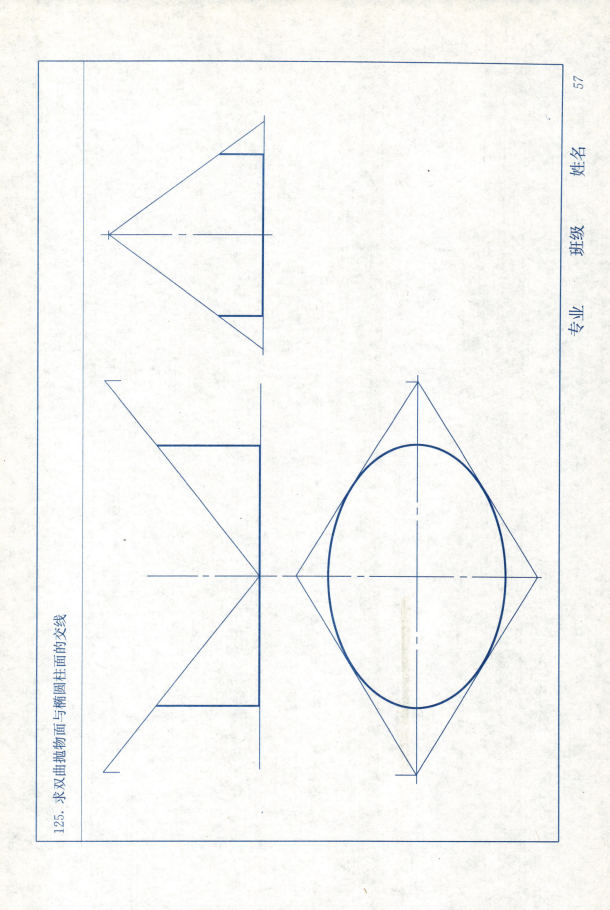

125. 求双曲抛物面与椭圆柱面的交线

126. 作出回旋楼梯的正面投影

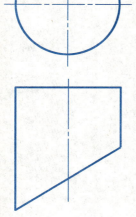

128. 作出截头圆柱的表面展开图

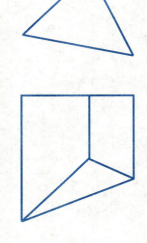

127. 作出截头三棱柱的表面展开图

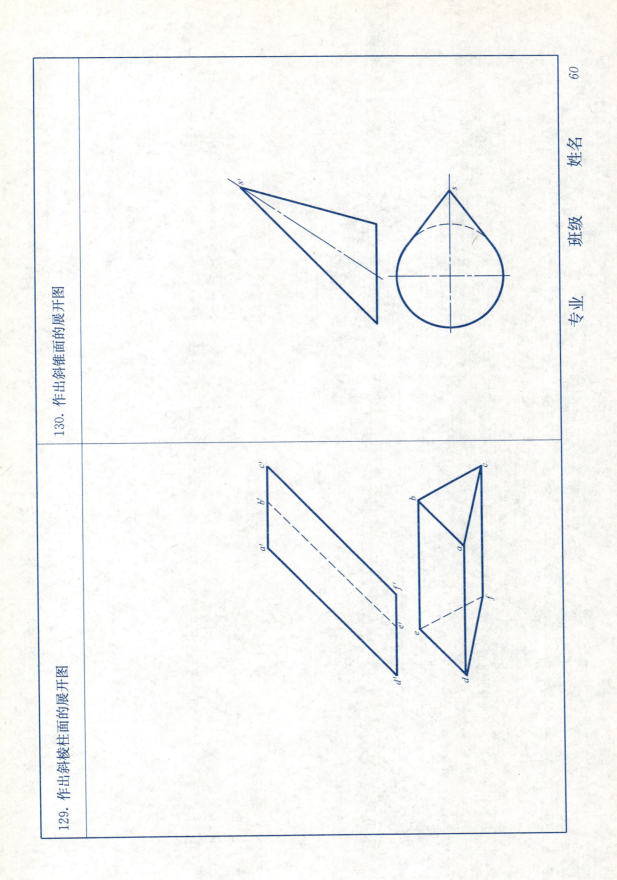

131. 作出虾米腰接管的展开图

* 132. 作出"天方地圆"接管的展开图

*133. 作出圆台与圆柱的相贯线及表面展开图

135. 作通孔体的正面第二视图

134. 作盲孔体的正面第二视图

137. 作木榫头的斜二测图

136. 作花格砖的斜二测图

专业　班级　姓名

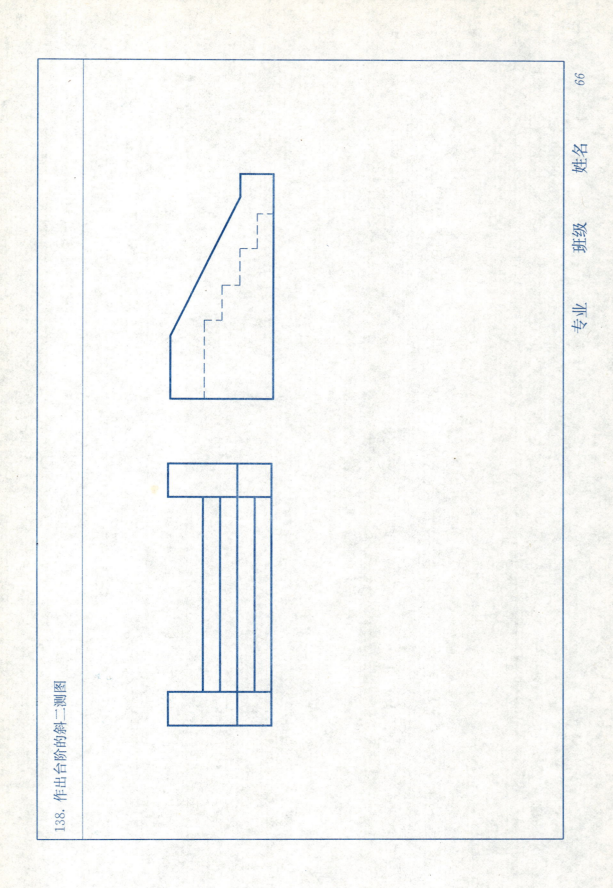

138. 作出台阶的斜二测图

139. 作出组合体正面斜二测图

专业　班级　姓名

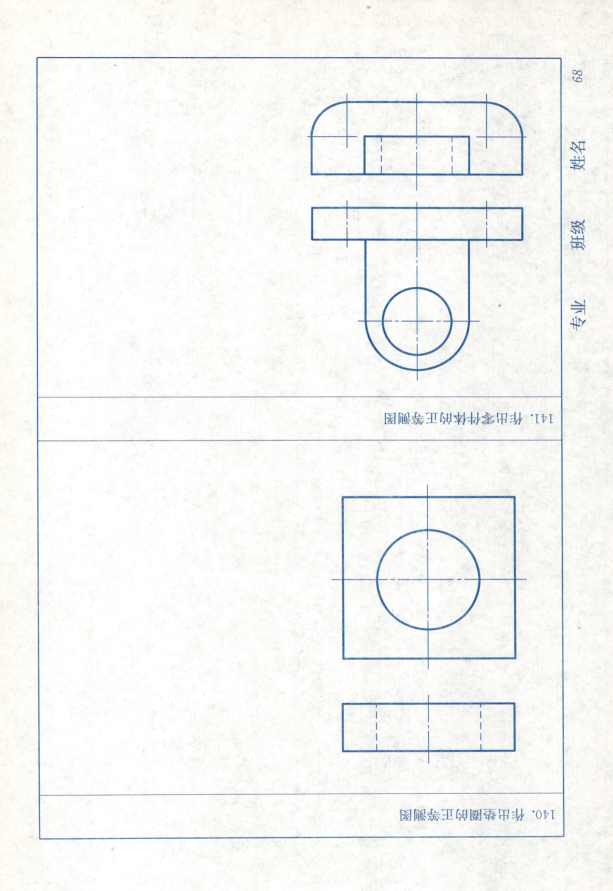

140. 作出垫圈的正等测图

141. 作出套体的正等测图

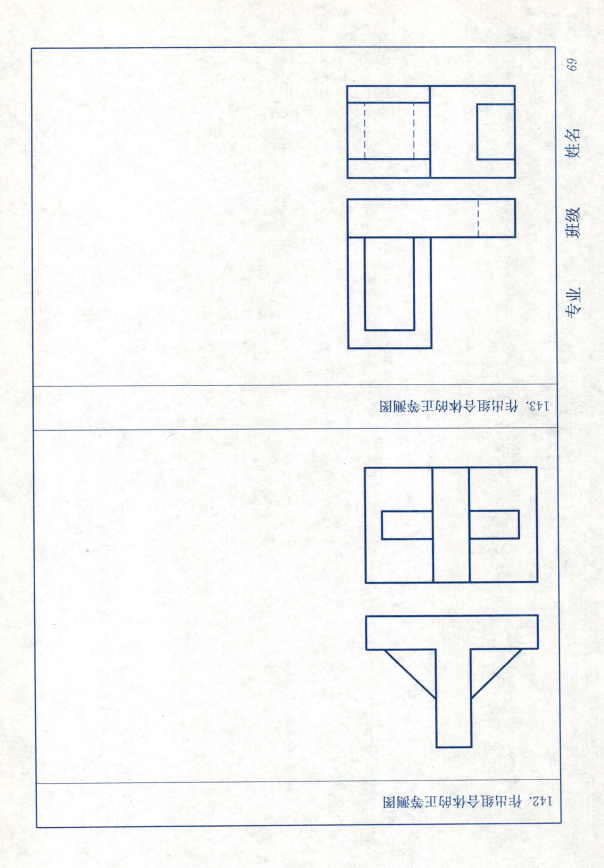

144. 作出组合体的正等测图

专业　班级　姓名

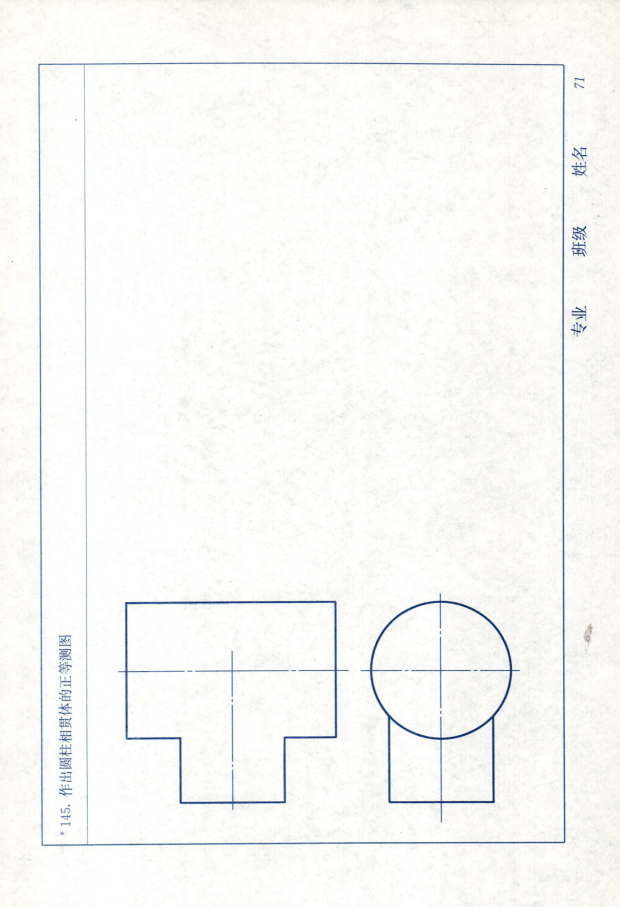

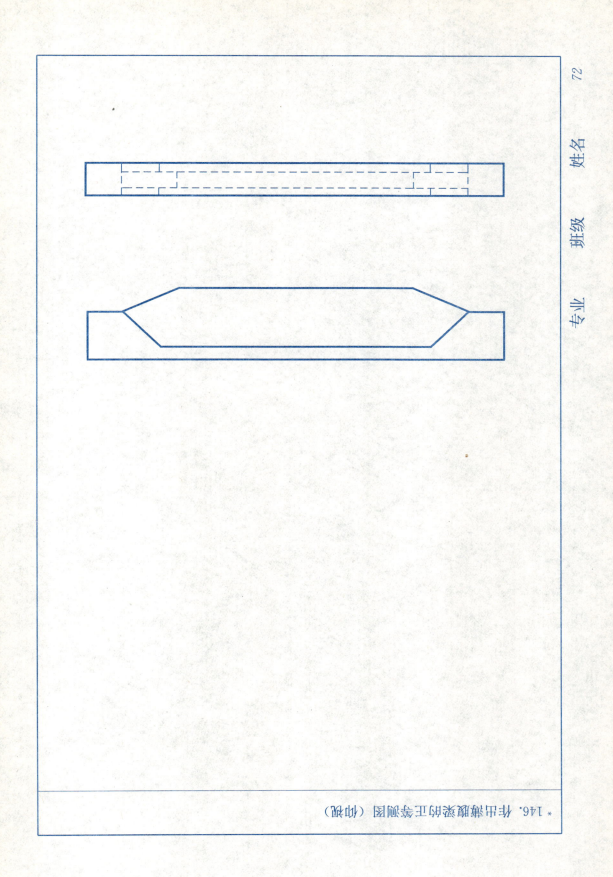

146. 作出薄板槽的正等测图（抄绘）

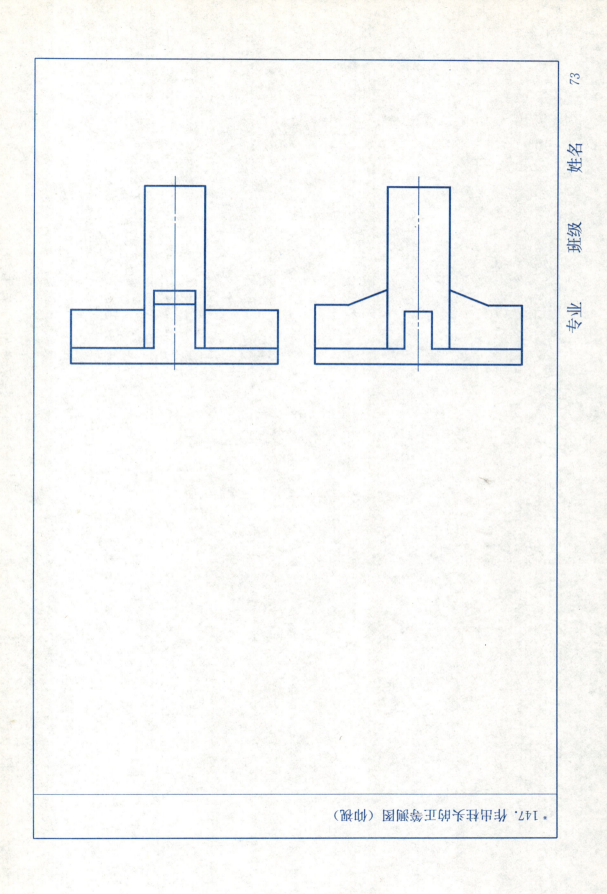

147. 作出柱头的正等测图（抄绘）

*148. 作出十字街口的水平斜等测图

专业　　班级　　姓名　　74